# 零失败懒人做一餐

[日] 饥饿的灰熊 著
范 非 译

中国轻工业出版社

# 前言

“我是烹饪新手，可是也想做出精美大餐。”

“上班很累，没时间做饭，可是又想在家吃。”

“我太忙了，实在没法花那么多时间做饭。”

很多人都有这样的烦恼。

本书收录的食谱全都是可以**“轻松完成的美味料理”**，不管是对有烹饪经验的人还是新手，都大有助益。

我刚学做饭时，也曾望着食谱而感叹“好像很好吃，可是看起来很难，我做不出来”，不得不放弃。现在虽然已经习惯下厨了，但有时候还是会因为没时间或提不起兴趣而放弃，“没力气做饭了，今天吃泡面吧。”

即使学会做饭，有的步骤依旧很麻烦。但每天吃泡面或快餐也让人很有罪恶感。

要怎样才能“自己下厨”，同时又尽量“偷懒”呢？

基本上料理的美味程度和花的功夫成正比：

· 炖煮得越久，食材就越软烂。

· 使用多种调味料，就可以创造出多层次的滋味。

· 使用多种食材熬制的高汤，味道接近完美。

比如说，使用多种香料的印度肉馅咖喱滋味浓郁，加入绍兴酒小火炖煮数小时的红烧肉令人垂涎三尺。然而要在日常生活中花上大半天下厨，或是家中常备多种香料都有些不切实际，反而会让人抱怨“花这么多功夫去做，还能不好吃吗？”

“如果能像做拌豆腐那样轻松完成就好了！”

我就是出于这样的愿望，每天在自己的美食博客里刊登“轻松又美味的食谱”。没有任何需要炖煮大半天或使用多种调味料的料理，也没有“约、适量、少许”这种模棱两可的提示，食材和调味料全都可以在超市买到。

我创作食谱后，幸运地得到了许多好评，这次有机会写一本食谱书，我决定把握机会，编出一本实用的食谱。

我的目标是，不管任何人来做，都“像拌豆腐一样简单”，好吃得就像花时间精心制作出的“世界上最美味的懒人食谱”。既然要做，就必须彻底追求“即使偷懒，也一样好吃”。

每道食谱都以“简单地做出好吃的料理”为最高目标，彻底追求以下三点:

· 即使做出来好吃，如果步骤烦琐也不行。

· 如果可以节省出10秒的时间，就毫不犹豫地采用这种方法。

· 食谱简单易懂，不管谁做都能百分之百成功。

我花费了很长时间，终于完成了自己相当满意的“世界第一美味懒人食谱”，完全不需要搬出食品料理机，也没有需要炖煮大半天的麻烦菜品，没有难找的调味料，也没有任何复杂的步骤。

基本上，里面的料理都是“只需要搅拌”“把材料全部丢进去，微波炉加热一下”即可完成。虽然也有看起来有点复杂的料理，但也都是“只需要一个平底锅，就可以从头做到尾”。

这本书是为料理初学者、忙得没时间下厨的人而编写，追求的是任何人都能“**百分之百成功，简单且美味的食谱**”。

期待这本书能减少你“忙得没时间做饭”“这道精致料理对我这个初学者来说太难了”这些不安，让下厨时光变成“令人满怀期待的快乐时光”，开心地欢呼“没想到这么简单就能做出美味料理”。

**饥饿的灰熊**

# 目录

## 超人气料理

## 快手下酒小菜

## 迷人的面条

## 终极配菜

## 完美的米饭

## 信手拈来的极品料理

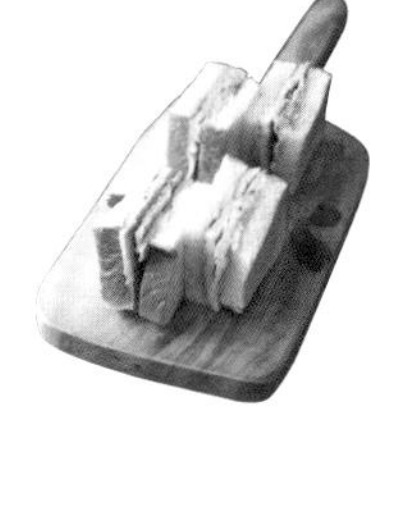

## 美味的咖喱

## 犒赏自己的甜点

## 本书使用方法

### 关于计量

- 1大勺约为15毫升。
- 1小勺约为5毫升。

### 关于材料

- 胡椒盐使用胡椒和盐的混合市售品。
- 蘸面汁使用2倍浓缩产品。
- 去皮、去籽、去蒂等步骤省略说明。
- 鸡蛋、土豆、洋葱均使用中等大小。
- 肉馅使用牛肉馅、猪肉馅或混合肉馅均可。
- 黄油为有盐黄油。

### 关于加热时间

- 家用燃气炉、电磁炉等，不同机型所用火力、功率不同。
- 加热时间仅为参考值，需根据实际情况调整。
- 制作肉类和鱼类料理时，请务必确定食材完全熟透。

### 关于烹调工具

- 微波炉的加热时间以500瓦为准，烤箱为1000瓦。
- 如果微波炉以600瓦加热，需将加热时间缩短为原来的80%。
- 不同机型火力有差异。
- 烤箱无须预热。

# 调味料

## 只要有这些就能搞定!

只要有这些调味料，没有豆瓣酱也能做出麻婆豆腐，没有番红花也能做出西班牙海鲜饭。可以避免厨房里摆了一堆买来却用不完的调味料。

### 基本

### 常用

# 轻松完成本书的100道料理!

## 更便利

中浓酱

伍斯特酱

御好烧酱

柚子醋酱油

芝士粉

黑胡椒

色拉油

咖喱块

## 最强配料

# 鸡蛋

只要用这3种鸡蛋搭配，就可以将料理轻松升级为豪华版！

推荐的3种做法

1

口感一流的水煮蛋

## 水煮蛋

**材料**（易做的量）

- 鸡蛋……3个

1 水沸后用勺子轻轻放入鸡蛋，煮6分钟。

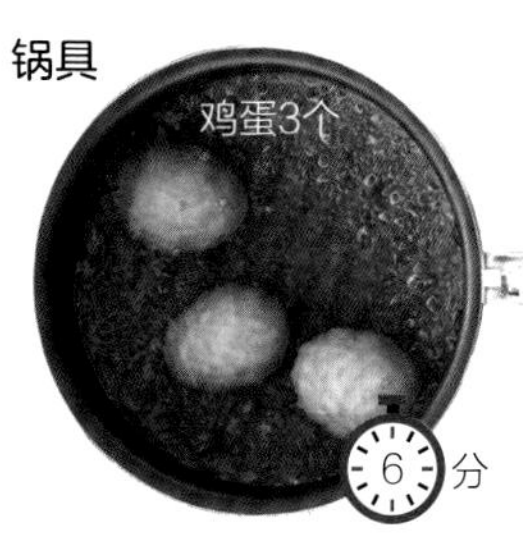


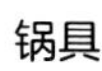

2 在冰水中浸泡3分钟后剥壳即可。

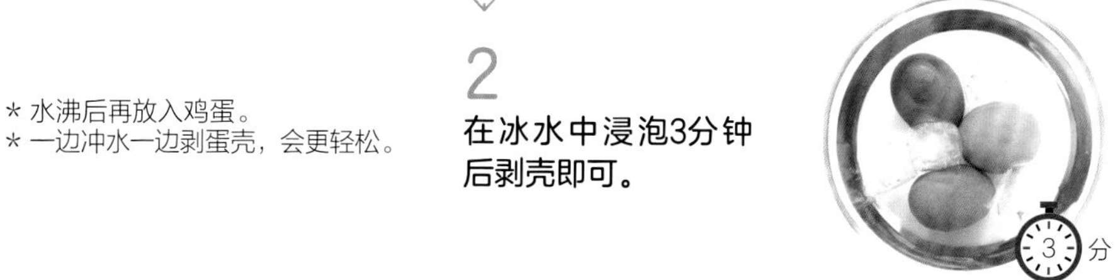


* 水沸后再放入鸡蛋。
* 一边冲水一边剥蛋壳，会更轻松。

2

超级美味的溏心蛋

# 溏心蛋

## 材料（易做的量）

- 水煮蛋……3个
- 蘸面汁……150毫升

1

将水煮蛋和100毫升蘸面汁放入密封容器中。

2

用厨房纸巾盖住水煮蛋，再淋50毫升蘸面汁，盖上盖子，在冰箱中静置半天即可。

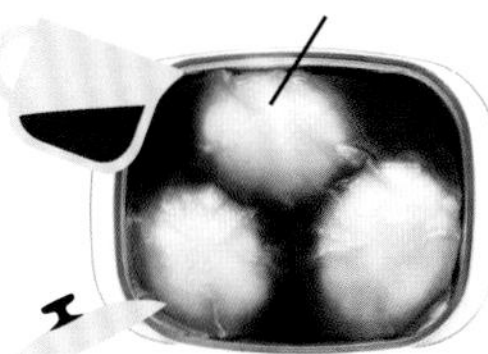

3

口感浓稠的温泉蛋

# 温泉蛋

## 材料（易做的量）

- 鸡蛋……1个
- 水……1小勺

1

将鸡蛋打入耐热容器中并加水。

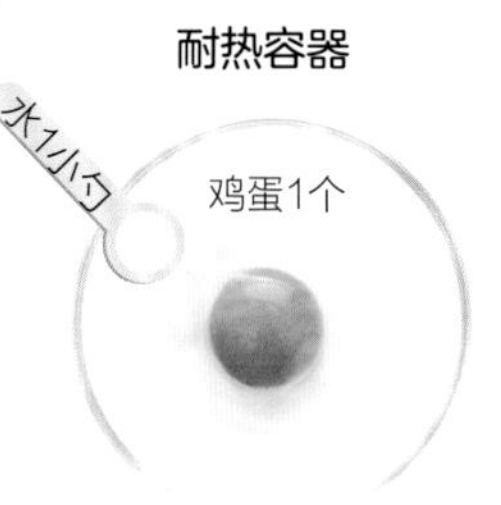

2

用微波炉加热30~50秒，倒掉多余的水分。

＊加热时无须覆盖保鲜膜。
＊以10秒为单位逐渐加热，直到蛋清凝固、蛋黄即将凝固的状态。
＊吃温泉蛋时，淋1小勺蘸面汁更美味。

# 超人气料理

“没想到这么简单就能做出如此美味又地道的料理！”我编写这些食谱的目标，就是让你不管从哪道菜做起，都能发出这样的感叹。本章介绍我的博客中最受欢迎、格外追求“简单又美味”的10道菜谱，就像是“将材料放进容器加热就能完成”，即使新手也能轻松掌握。希望你从最容易的食谱开始挑战、品尝，如果能感受到“简单又好吃的料理唾手可得”，那就是我最大的幸福。

超简单

# 佐酒日式红烧肉

## 材料（2~3人份）

- 猪五花肉块……200克
- 大葱……10厘米

## 调味料

- 酱油……50毫升
- 味醂……50毫升
- 可乐……100毫升

## 推荐配料

- 芽菜类

### 1

将猪五花肉块和大葱切成适口大小，猪肉上戳几个洞。

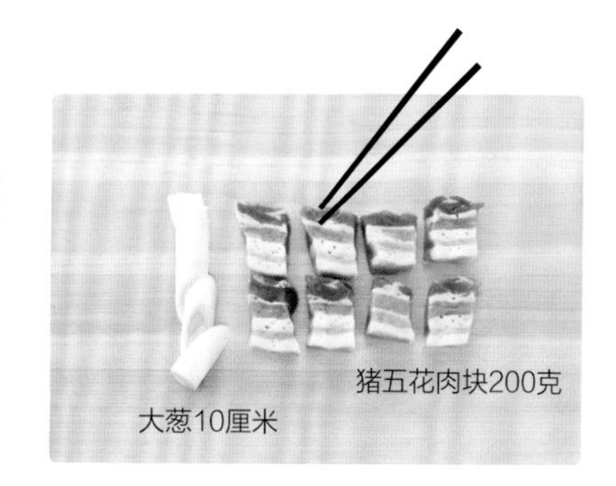


### 2

将步骤1的材料和全部调味料放入耐热容器。

### 3

包上耐热保鲜膜，用微波炉加热10分钟。

用竹扦戳一下，如果流出透明的汁水，即表示完成。

＊可乐可以软化肉质，甜味也可以让味道更有深度。

＊没有大葱也没关系，但大葱可以去腥，泡过酱汁的大葱也十分美味。

## 顺手加菜
### 红烧肉盖浇饭

在米饭上放红烧肉，淋上酱汁，就可以变身为红烧肉盖浇饭，再加个水煮蛋更好吃。

零失败

# 黄金培根鸡蛋面

## 材料（1人份）

- 意大利面……100克
- 培根……20克

### 调味料

- 黑胡椒……撒2~3下的量

## 意大利面酱

- 鸡蛋……1个
- 牛奶……1大勺
- 鸡精……1小勺
- 芝士粉……1大勺
- 蒜泥……2克

### 推荐配料

- 芝士粉
- 欧芹

1

培根切成适口大小，和意大利面酱的材料一起放入容器中搅拌。

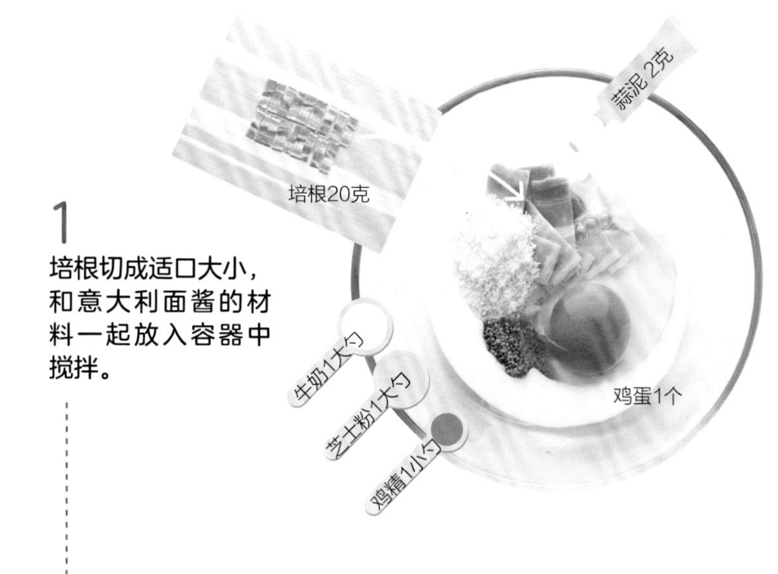


2

将步骤1的材料倒入平底锅中。另起锅煮意大利面。

3

将煮好的意大利面放入平底锅中，小火加热，迅速搅拌。

搅拌至浓稠

装盘，撒黑胡椒。

## 顺手加菜
### 培根炒菠菜

将多余的培根加黄油和菠菜翻炒，就是一道美味小菜。

## 一口接一口
# 清炖鸡翅

### 顺手加菜
**蘸面**

将剩余的酱汁加150毫升水、5克蒜泥、1小勺香油和1小勺日式高汤粉，煮后就可以变身为蘸面的酱汁。

＊完全不需要任何技巧即可完成的美味鸡翅。

## 材料（2~3人份）

- 鸡翅……500克（约10个）

### 调味料

- 酱油……50毫升
- 醋……50毫升
- 味醂……50毫升

### 推荐配料

- 姜
- 香葱
- 溏心蛋

放入锅中

中火

**1**

将所有材料放入锅中，中火加热。

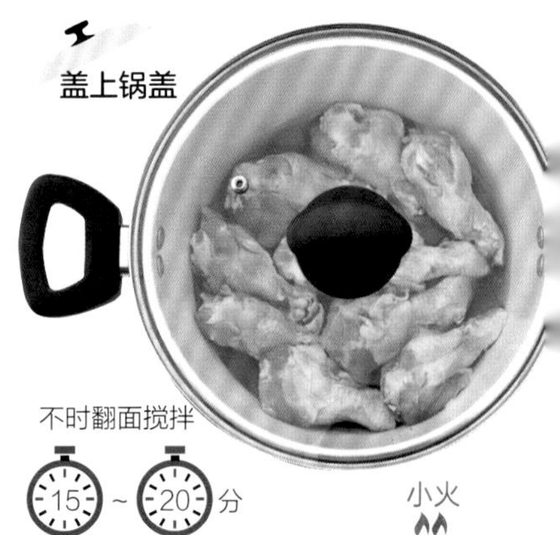


**2**

汤汁沸腾后盖上锅盖，小火炖煮。

## 辛辣味挑逗味蕾

# 泡菜五花肉炒乌冬面

### 材料（1人份）

- 冷冻乌冬面……1包
- 猪五花肉片……70克
- 泡菜……50克
- 蛋黄……1个

### 调味料

- 蘸面汁……1大勺

### 炒面用

- 香油……1大勺

### 推荐配料

- 香葱

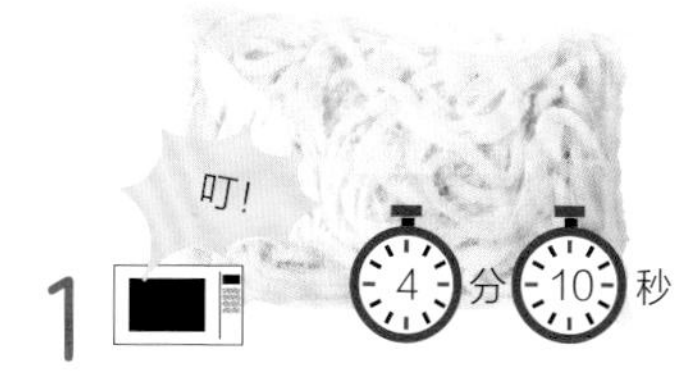


1 将冷冻乌冬面用微波炉加热4分10秒。

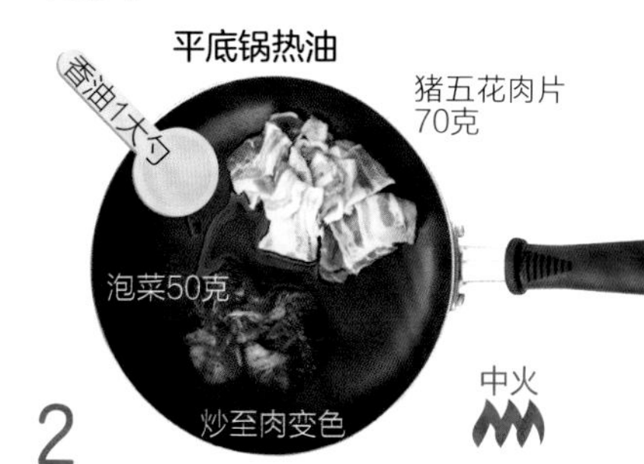


2 将猪五花肉片切成适口大小，加香油和泡菜一起用中火翻炒。

3 放入乌冬面和蘸面汁，翻炒均匀。

装盘后放入蛋黄。

### 顺手加菜

**泡菜蛋花汤**

将剩余的泡菜加入200毫升水和1/2小勺日式高汤粉煮沸，倒入蛋液，即可完成一道泡菜蛋花汤。

* 冷冻乌冬面的解冻时间以4分10秒为宜，请以此为参考值。乌冬面可以完全解冻，又不会过热，恰到好处。

### 简餐风

# 照烧蛋鸡肉盖浇饭

## 材料（1人份）

- 鸡腿肉块……150~200克
- 米饭……150克

### 调味料

- 酱油……2大勺
- 清酒……2大勺
- 白砂糖……1大勺

### 炒菜用

- 色拉油……1大勺

### 推荐配料

- 溏心蛋
- 莴苣
- 圣女果

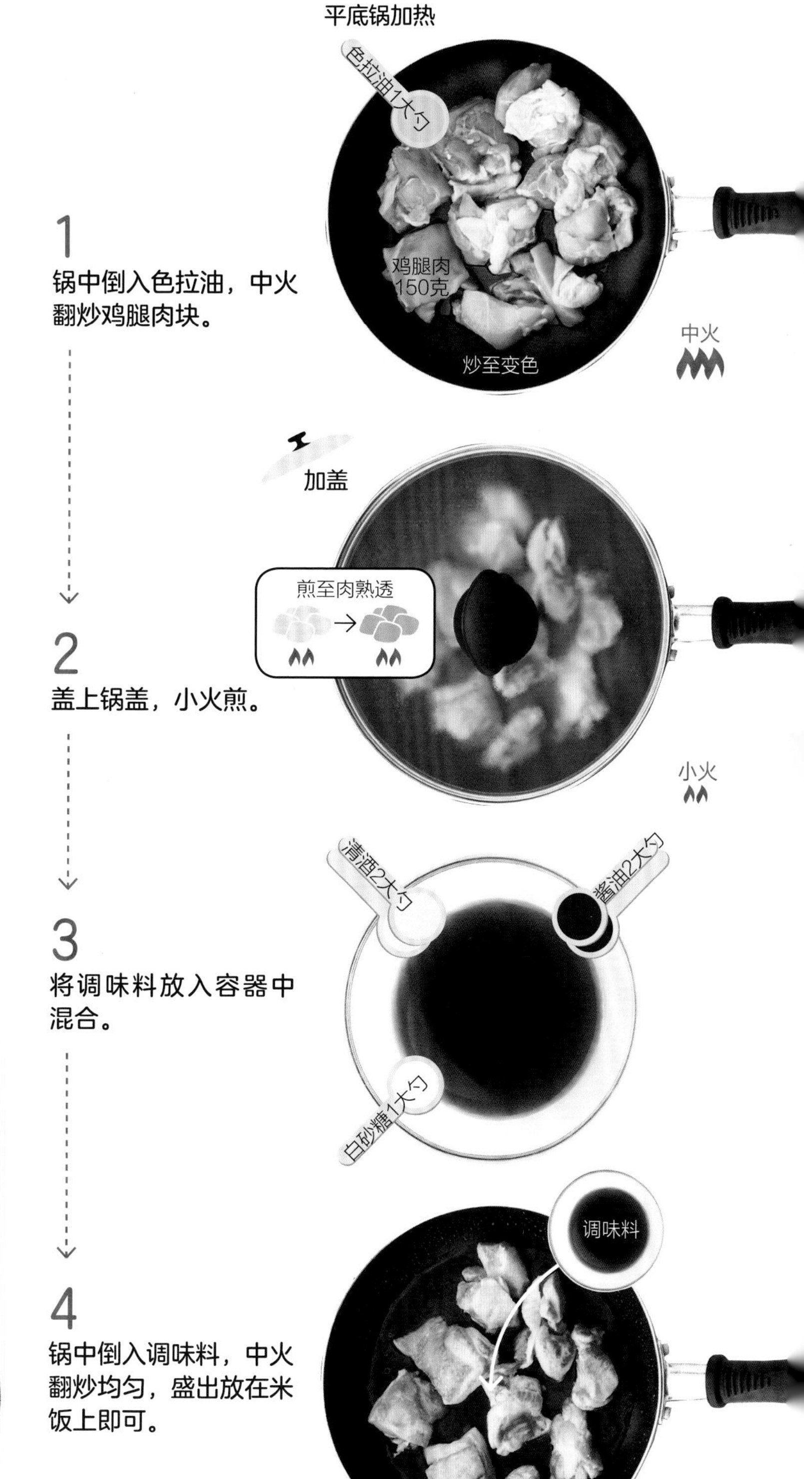


1

锅中倒入色拉油，中火翻炒鸡腿肉块。

2

盖上锅盖，小火煎。

3

将调味料放入容器中混合。

4

锅中倒入调味料，中火翻炒均匀，盛出放在米饭上即可。

## 顺手加菜 串烧葱香鸡肉风盖浇饭

煎肉时放入大葱，搭配柔软的大葱，就像串烧葱香鸡肉一样好吃。

美味无比
青椒小银鱼

## 材料（1~2人份）

- 青椒……5个
- 小银鱼……30克

### 调味料

- 酱油……1小勺
- 味醂……1小勺
- 日式高汤粉……1/2小勺

### 炒菜用

- 香油……1小勺

### 推荐配料

- 炒白芝麻

**1**

青椒切细丝。

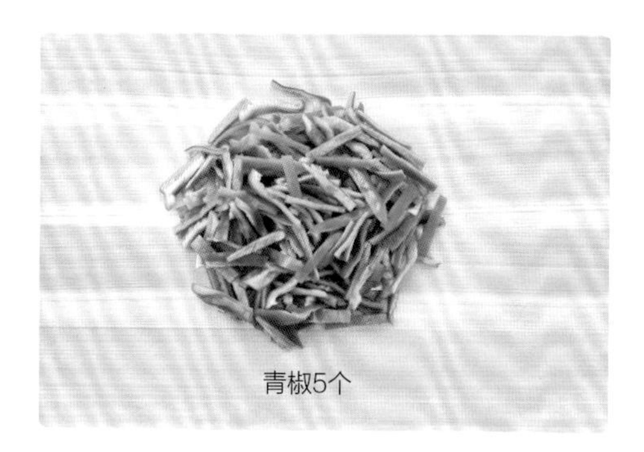


平底锅热油

**2**

倒入香油，放入青椒和小银鱼，中火翻炒。

炒至食材均匀裹上油

中火

**3**

加入所有调味料，拌匀。

中火

## 顺手加菜
### 柚子醋酱油拌香葱小银鱼

将剩余的小银鱼与葱花和柚子醋酱油拌匀，就完成了一道小菜。

必吃的美味

# 黄萝卜炒饭

## 材料（1人份）

- 热狗香肠……3根（50克）
- 鸡蛋……1个
- 米饭（热）……200克（约1大碗）
- 黄萝卜……5片（70克）

## 调味料

- 胡椒盐……撒2~3下的量
- 酱油……1小勺
- 香油……1小勺

## 炒菜用

- 香油……1大勺

## 推荐配料

- 香菜
- 炒白芝麻
- 红辣椒

## 顺手加菜
### 黄萝卜饭团

将剩余的黄萝卜切碎，和柴鱼一起捏成饭团，非常美味。

1

黄萝卜略切碎，热狗香肠切段，鸡蛋搅成蛋液。

鸡蛋1个

热狗香肠3根

黄萝卜5片

2

倒入香油，中火翻炒黄萝卜和热狗香肠。

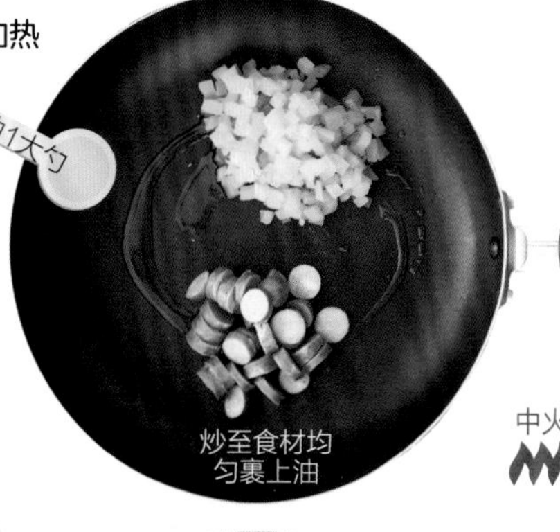


3

旋转倒入蛋液，放入米饭，大火翻炒。

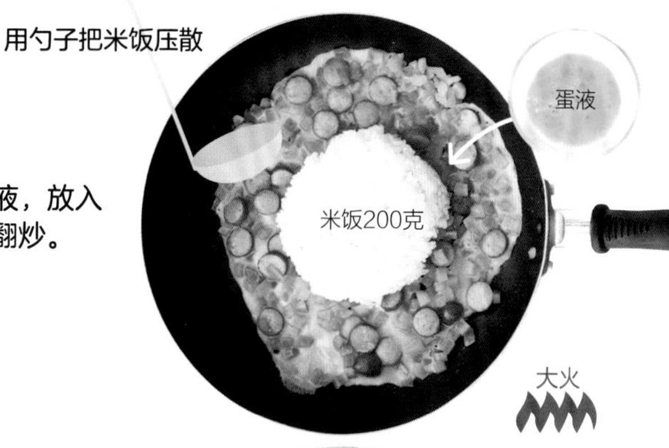


4

加入胡椒盐、酱油和香油，翻炒20秒即可。

* 只要是有咸味的肉类，培根、火腿或叉烧肉都可以。

香辣美味
担担凉面

## 材料（1人份）

- 油面（或泡面）……1份
- 猪肉馅……100克
- 牛奶（凉）……350毫升

## 调味料

- 味噌……1大勺
- 蘸面汁……70毫升
- 辣椒油……1小勺

## 炒菜用

- 香油……1大勺

## 推荐配料

- 香葱
- 炒白芝麻

平底锅热油

1
倒入香油，中火翻炒猪肉馅。

2
加入味噌翻炒，混合均匀后关火。

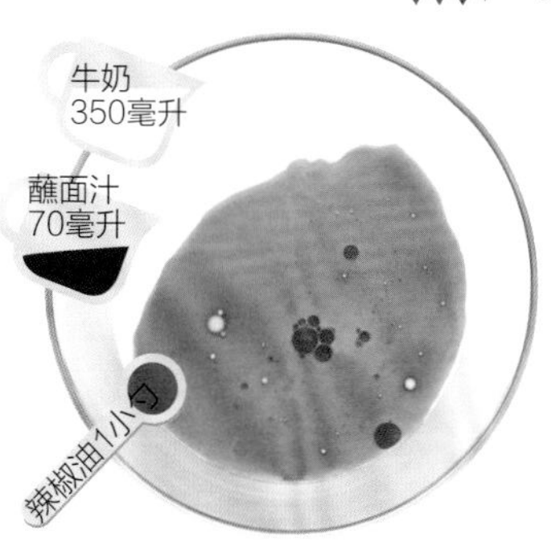


3
将牛奶、蘸面汁和辣椒油倒入容器拌匀。

4
将油面煮熟后过凉水，沥干水分。

将面和汤一起盛入容器中，淋上肉馅味噌即可。

## 顺手加菜
### 豆香凉面

用豆浆代替牛奶会更加浓郁美味。

天天都想吃的居酒屋味道

# 极品咸味炸鸡

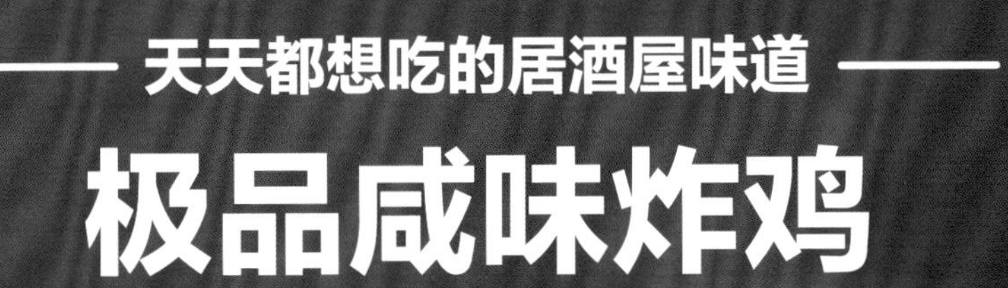

## 材料（1~2人份）

- 鸡腿肉块……250克

### 调味料

- 蒜泥……2克
- 醋……1大勺
- 清酒……1小勺
- 日式高汤粉……1小勺
- 盐……1/2小勺
- 淀粉……3大勺
- 胡椒盐……1/2小勺

### 炸鸡用

- 色拉油……平底锅2厘米高的量

### 推荐配料

- 柠檬
- 欧芹

1

将鸡腿肉块与蒜泥、醋、清酒、日式高汤粉和盐放入容器中，腌渍10分钟。

放入保鲜袋

淀粉3大勺

胡椒盐1/2小勺

2

将淀粉和胡椒盐混合，与腌好的鸡腿肉一起放入保鲜袋里揉搓。

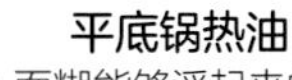

平底锅热油

（滴入面糊能够浮起来的温度）

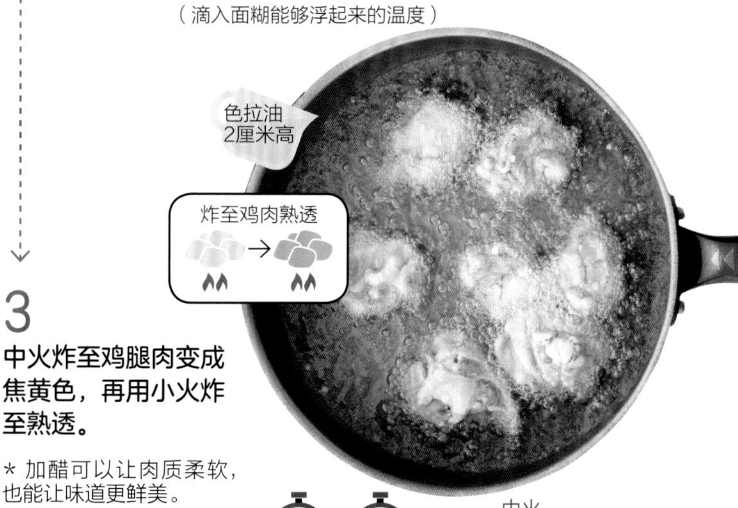


3

中火炸至鸡腿肉变成焦黄色，再用小火炸至熟透。

* 加醋可以让肉质柔软，也能让味道更鲜美。

## 顺手加菜

### 蛋黄酱炸鸡吐司

将剩余的炸鸡切片，放在吐司上，淋上蛋黄酱，放入烤箱烘烤一下，非常美味。

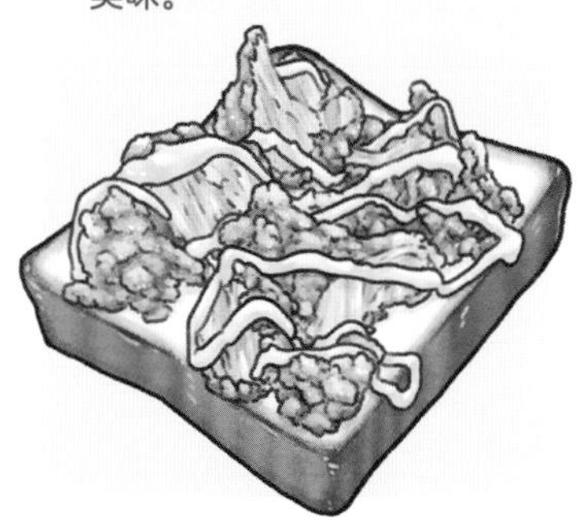

忙碌的早晨也能快速完成

# 简易法式吐司

## 材料（直径12厘米的耐热容器，1个）

- 鸡蛋……1个
- 牛奶……100毫升
- 吐司（1.5厘米厚）……2片

## 调味料

- 白砂糖……2大勺

## 推荐配料

- 枫糖
- 细叶芹
- 糖粉

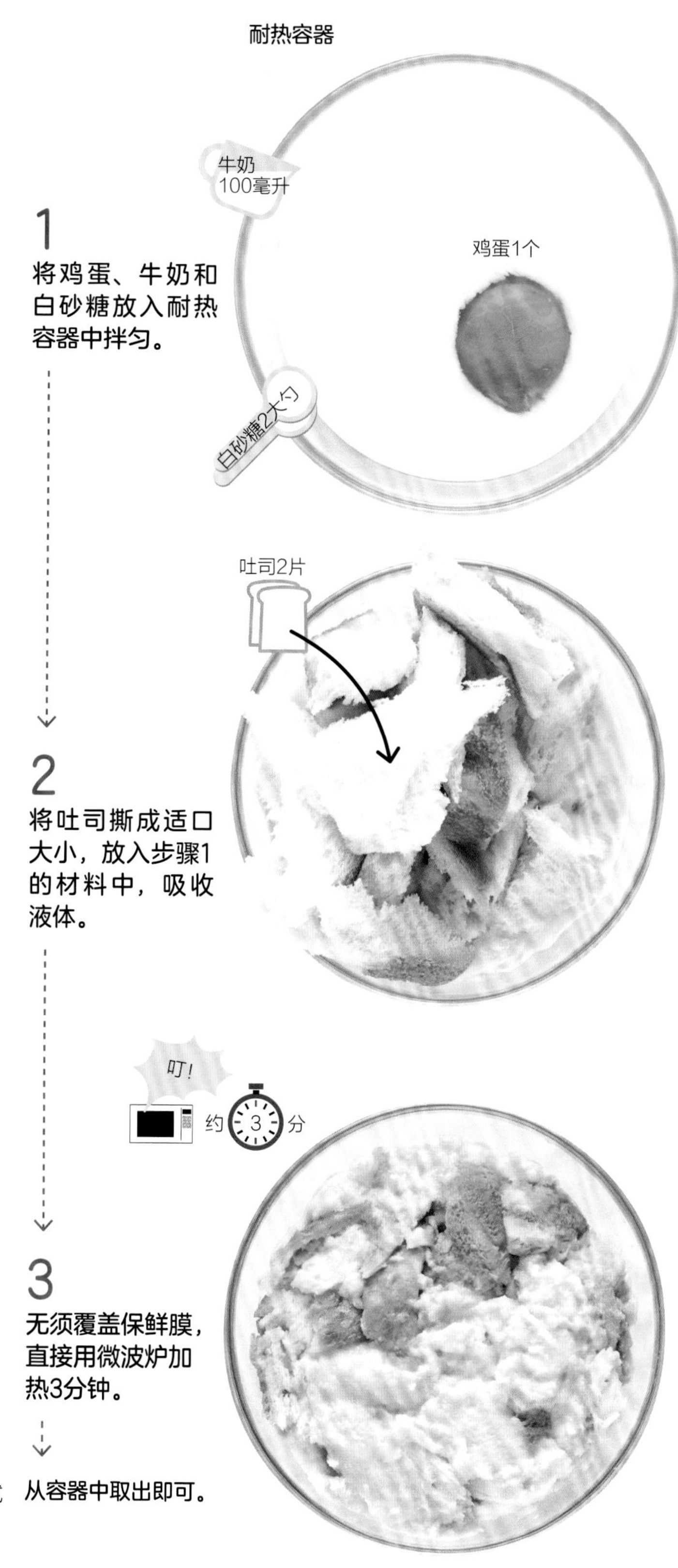


### 1

将鸡蛋、牛奶和白砂糖放入耐热容器中拌匀。

### 2

将吐司撕成适口大小，放入步骤1的材料中，吸收液体。

### 3

无须覆盖保鲜膜，直接用微波炉加热3分钟。

从容器中取出即可。

## 顺手加菜

### 咸味法式吐司

用1/2小勺盐代替白砂糖，加上培根和煎蛋，就变身为一道简餐。

＊用耐热的小碗或较大的马克杯试试看。

# 快手下酒小菜

花最少的力气获得最棒的美味，我认为下酒小菜就是这样的料理。下酒小菜一般都是盛装在精美的小盘中，看起来似乎需要不一般的厨艺。但其实下酒小菜才是兼具简单、快手、美味的料理。本章介绍看起来很地道，其实都是“只要将酱汁拌匀后淋上去”“把材料装进袋子里揉搓”的超简单食谱。

## — 极品！芝士加蛋黄酱 —
# 浓厚牛油果烧

### 顺手加菜
**牛油果圣女果烧**

在去核后的牛油果凹槽里填入对半切开的圣女果，酸味会让牛油果更加美味。

**材料**（1人份）

- 牛油果……1个

**调味料**

- 比萨用芝士……想吃的量（约40克）
- 蛋黄酱……想吃的量（约10克）

**推荐配料**

- 黑胡椒
- 欧芹

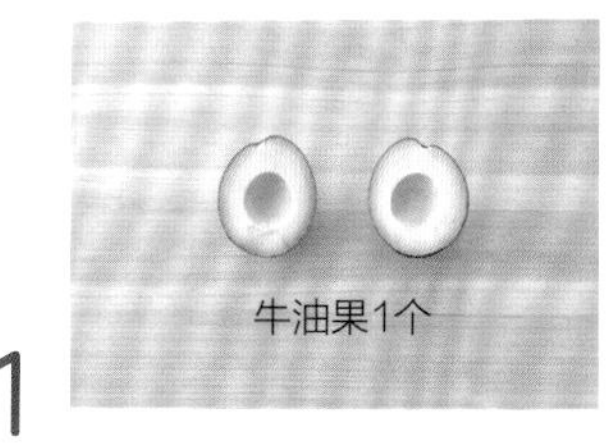


1
牛油果对半切开，去核。

2
凹槽里放入比萨用芝士，淋蛋黄酱，放入微波炉加热。

—— 香味诱人 ——

# 正宗鲔鱼刺身

## 材料（1人份）

- 鲔鱼（刺身用）……100克
- 蛋黄……1个

## 调味料

- 蒜泥……2克
- 酱油……1小勺
- 香油……1小勺

## 推荐配料

- 香葱
- 炒白芝麻

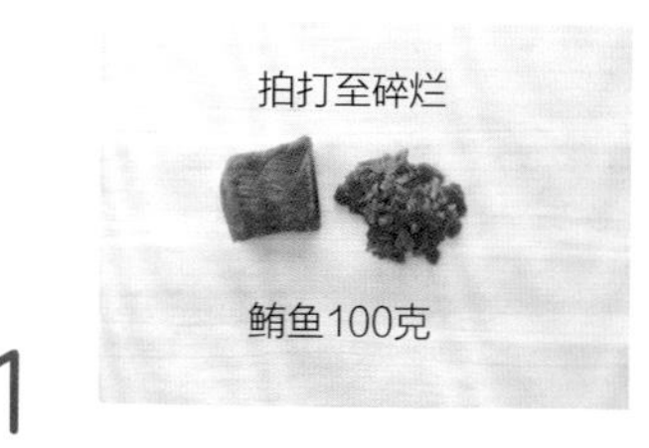


1
用菜刀拍打鲔鱼。

2
将鲔鱼与调味料混合，中间放入蛋黄即可。

## 顺手加菜
### 刺身生蛋拌饭

将刺身放在生蛋拌饭上，就可以完成一道饮酒后用来收尾的刺身生蛋拌饭。

## —— 超简单！蘸面汁加辣椒油 ——

# 辣味凉豆腐

**材料**（1～2人份）

- 绢豆腐……1/2块

**调味料**

- 蘸面汁……1大勺
- 香油……1大勺
- 辣椒油……1小勺

**推荐配料**

- 香葱
- 炒白芝麻

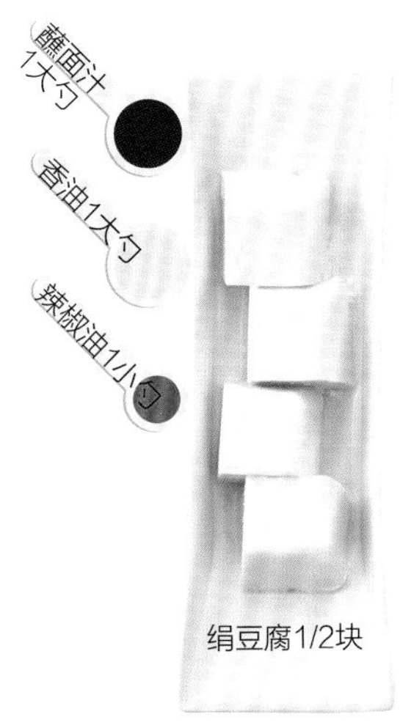


将绢豆腐放在盘子上，调味料拌匀后淋在上面即可。

### 顺手加菜

**芝士豆腐**

绢豆腐上放1片芝士，加热后就是一道西式下酒小菜。

— 1分钟做完的经典下酒小菜 —

# 味噌醋拌章鱼小黄瓜

## 材料（2~3人份）

- 章鱼（刺身用）……100克
- 小黄瓜……1条

## 调味料

- 醋……2大勺
- 味噌……2大勺
- 白砂糖……2大勺
- 黄芥末……1小勺

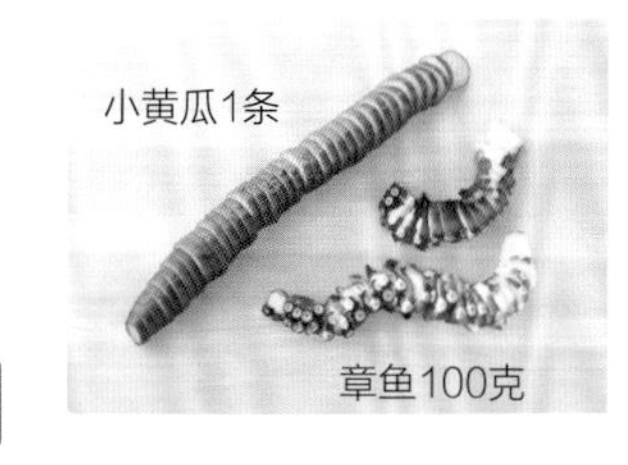


1

章鱼和小黄瓜切圆片。

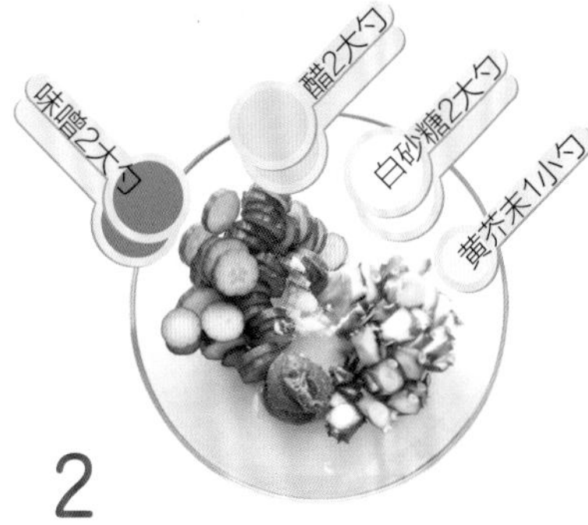


2

将步骤1的材料与调味料混合拌匀即可。

## 顺手加菜

### 醋拌海带小黄瓜

如果没有章鱼就用海带代替，和大葱、味噌、醋一起拌匀，非常美味。

清凉无比

# 番茄冷盘

## 材料（2~3人份）

- 番茄……2个
- 洋葱……1/4个

### 调味料

- 蒜泥……2克
- 橄榄油……2大勺
- 柚子醋酱油……1大勺
- 胡椒盐……撒2下的量

### 推荐配料

- 欧芹

**1**

番茄切片。

**2**

洋葱切碎。

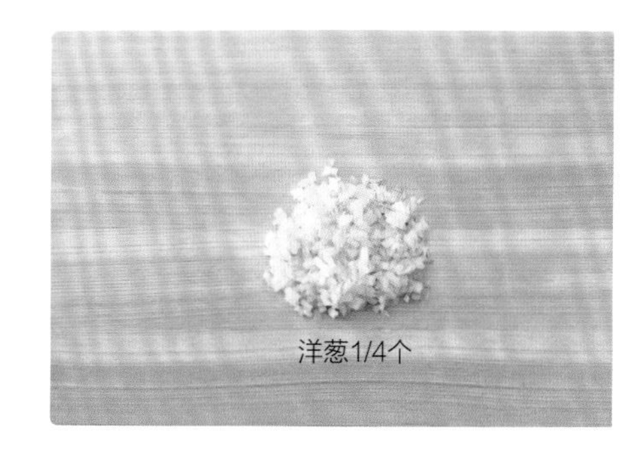


**3**

将洋葱和调味料混合，淋在番茄上即可。

* 柚子醋酱油的酸味和蒜味巧妙地融为一体。

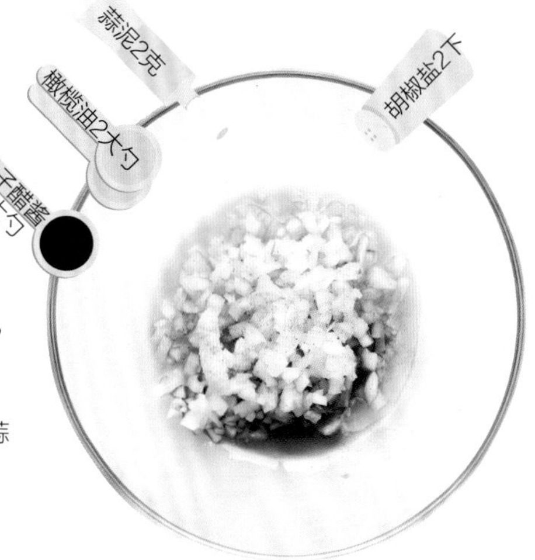


## 顺手加菜
### 比萨吐司

将凉拌番茄和芝士片放在大片吐司上一起烤，就可以做出比萨吐司。

—— 柔和的辣味 ——

# 过瘾泡菜凉豆腐

### 顺手加菜
### 泡菜豆腐排

将绢豆腐煎上色，做成豆腐排也一样好吃。

## 材料（1人份）

- 绢豆腐……1/2块
- 泡菜……2大勺

## 调味料

- 盐昆布……1小撮（约5克）
- 香油……1大勺

## 推荐配料

- 炒白芝麻

1
将绢豆腐和泡菜依次放入盘中。

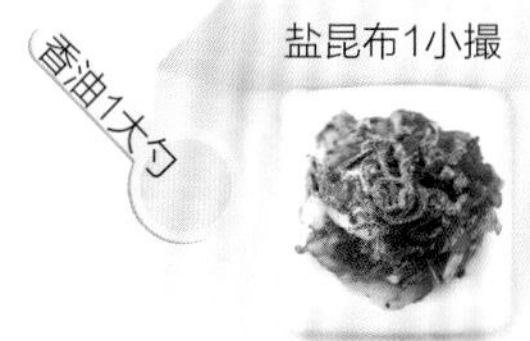


2
放入盐昆布，淋上香油即可。

＊将泡菜切成适口大小，会更容易食用，更像下酒小菜。

—超下饭—

# 油煎茄子

## 顺手加菜

### 清爽煎茄子

用柚子醋酱油代替蘸面汁，就可以变成清爽口味。

## 材料（1~2人份）

- 茄子……2根

## 调味料

- 姜泥……2克
- 蘸面汁……40毫升
- 水……1大勺

## 炒菜用

- 色拉油……1大勺

## 推荐配料

- 香葱
- 炒白芝麻

1

茄子切薄片。

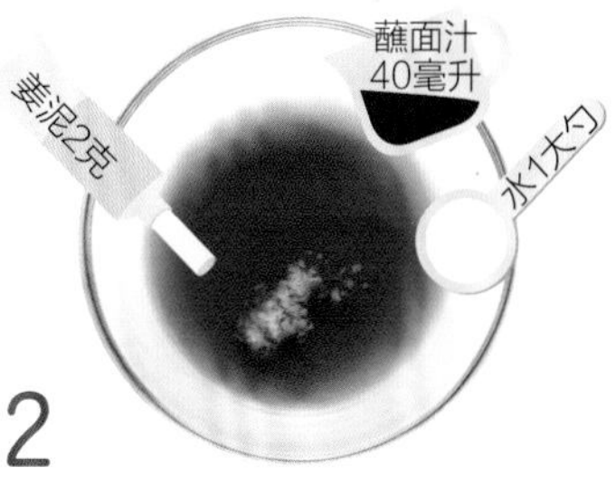


2

将调味料放入容器中拌匀。

3

倒入色拉油，中火煎茄子，盛盘后淋调味料即可。

## — 吃得停不下来 —
# 美味圆白菜

## 顺手加菜
### 上瘾盐渍圆白菜

将剩余的三四片圆白菜叶淋上1大勺香油，加1/2小勺盐和5克蒜泥，凉拌也很美味。

**材料**（2～3人份）

- 猪五花肉片……80克
- 圆白菜……4~5片（100克）

**调味料**

- 醋……2小勺
- 酱油……2小勺
- 胡椒盐……撒2下的量

**推荐配料**

- 红辣椒
- 炒黑芝麻
- 黄芥末

**1**

将猪五花肉片切成四五厘米宽，圆白菜切丝。

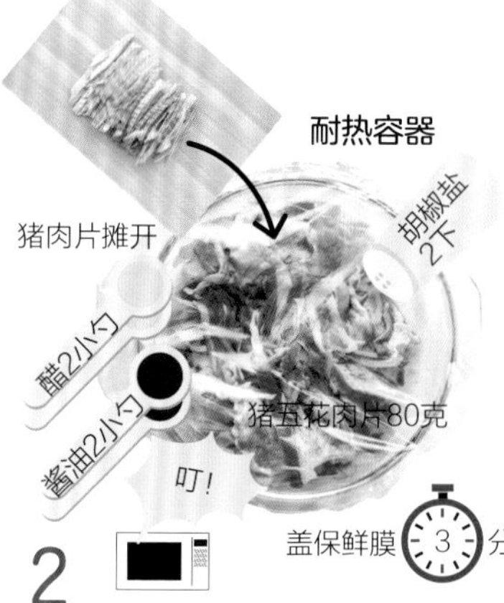


**2**

将圆白菜、猪五花肉片、醋、酱油和胡椒盐依次放入耐热容器中，用微波炉加热3分钟。

＊ 如果猪肉仍有红色，就继续加热。
＊ 用边角料代替猪五花肉也可以，而且更便宜。

## — 味道浓郁 —

# 塔塔酱拌牛油果

### 材料（1～2人份）

- 牛油果……1个
- 水煮蛋……1个

### 调味料

- 蛋黄酱……3大勺
- 醋……1小勺
- 白砂糖……1/2小勺
- 胡椒盐……撒2下的量

### 推荐配料

- 欧芹

**1**

将牛油果切成适口大小，水煮蛋切碎。

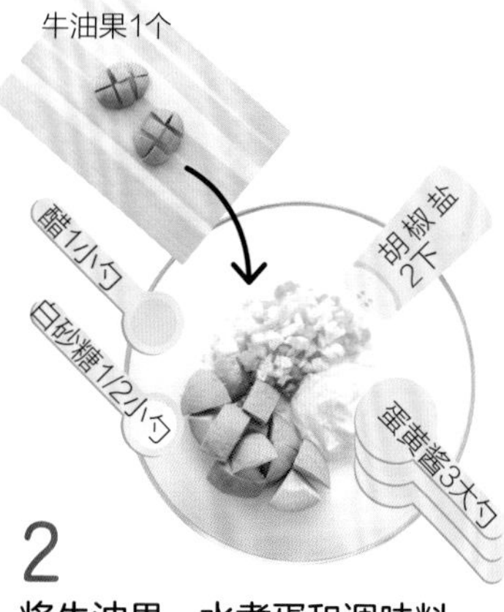


**2**

将牛油果、水煮蛋和调味料混合均匀即可。

### 顺手加菜

**牛油果三明治**

放在吐司上做成开放式三明治或用烤箱烘烤，都很美味。

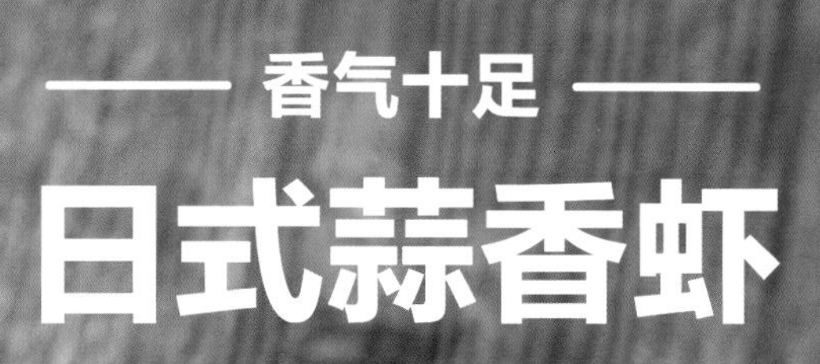

## 香气十足

# 日式蒜香虾

## 材料（1～2人份）

- 虾仁（去壳）……100克
- 蒜……1瓣
- 红辣椒……1个

### 调味料

- 盐昆布…… 1小撮（约5克）
- 酱油……1/2小勺
- 胡椒盐……撒2～3下的量

### 炒菜用

- 橄榄油……100毫升

1

蒜和红辣椒切片。

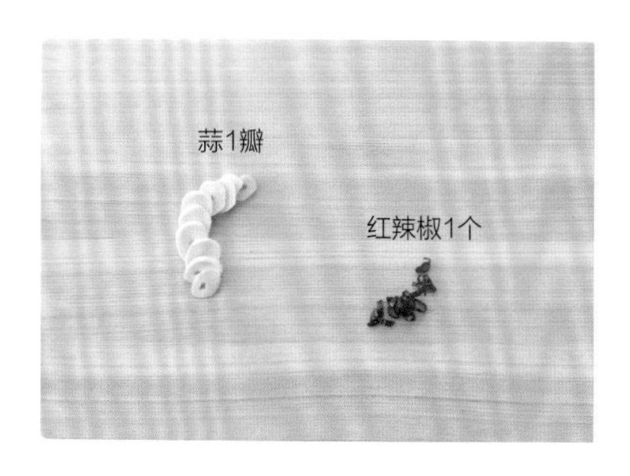


2

倒入橄榄油，中小火翻炒蒜和红辣椒。

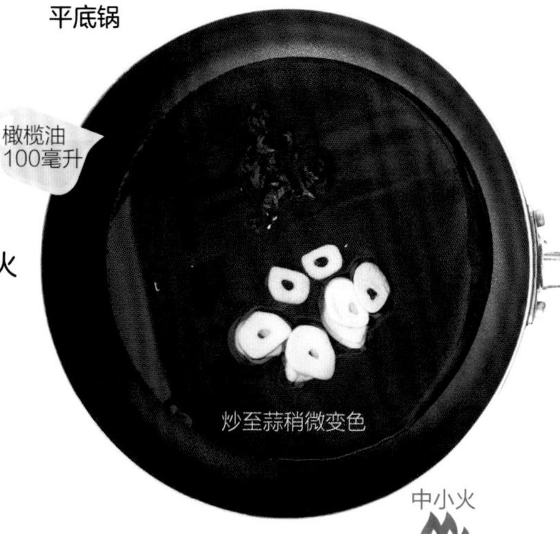


3

放入虾仁和调味料，小火翻炒。

＊盐昆布经常用来撒在茶泡饭中。用昆布和酱油作为调味料，就能在料理中加入日式高汤的味道，享受到不一般的日式蒜香虾的味道。

## 顺手加菜

### 蒜香小银鱼

用小银鱼代替虾仁，一样美味。

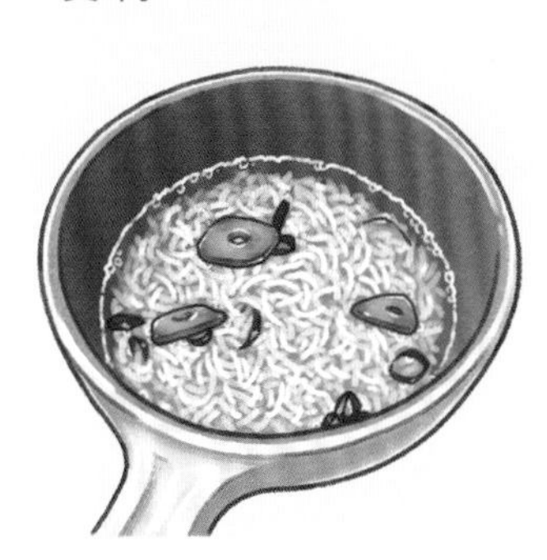

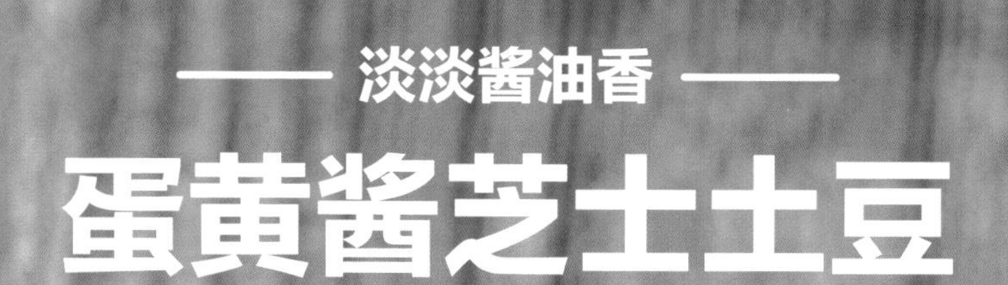

淡淡酱油香

# 蛋黄酱芝士土豆

## 材料（1人份）

- 土豆……1个
- 比萨用芝士……1小撮（约20克）

## 调味料

- 蛋黄酱……1小勺
- 酱油……1小勺

## 推荐配料

- 欧芹

1

土豆洗净后切成6等份。

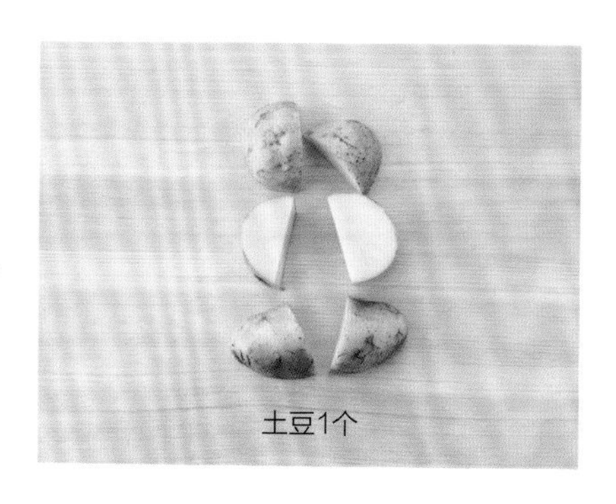


2

将土豆放入耐热容器中，用微波炉加热4分钟。

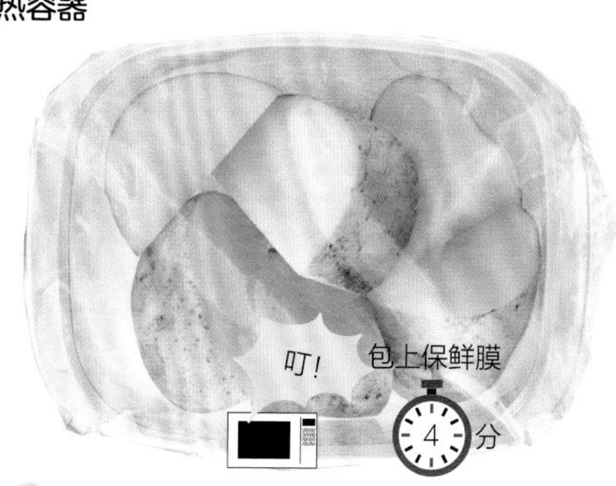


3

放入所有调味料，拌匀。

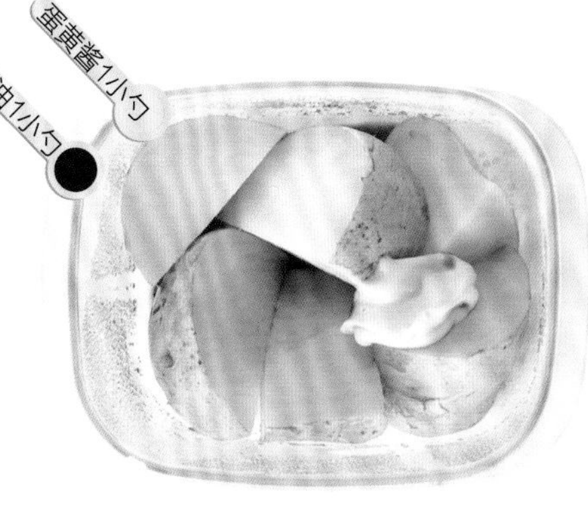


4

装盘后放入比萨用芝士，用微波炉加热1分钟。

＊简单却美味。
＊比萨用芝士也可以用芝士片代替。

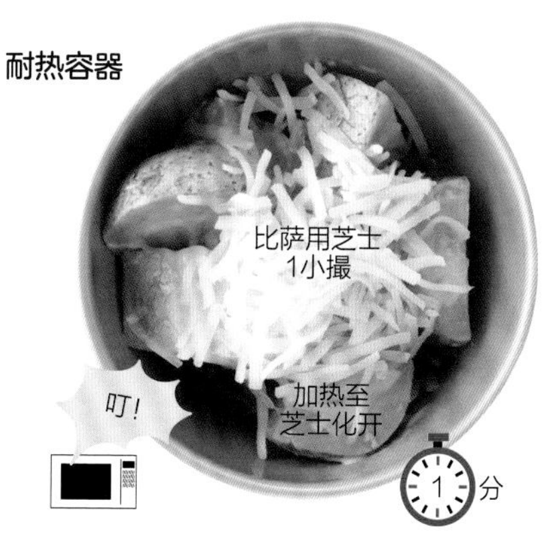


## 顺手加菜

### 快手德式焖土豆

加入培根，用微波炉加热，就可以变身成德式焖土豆。

## — 米饭与味噌汤的最佳拍档 —

# 芥末小黄瓜

### 顺手加菜
### 山葵小黄瓜

用山葵代替黄芥末，一样好吃。

## 材料（4人份）

- 小黄瓜……4根

## 调味料

- 黄芥末……10~15克
- 盐……20克
- 白砂糖……40克

## 推荐配料

- 红辣椒

1

每根小黄瓜切成8等份。

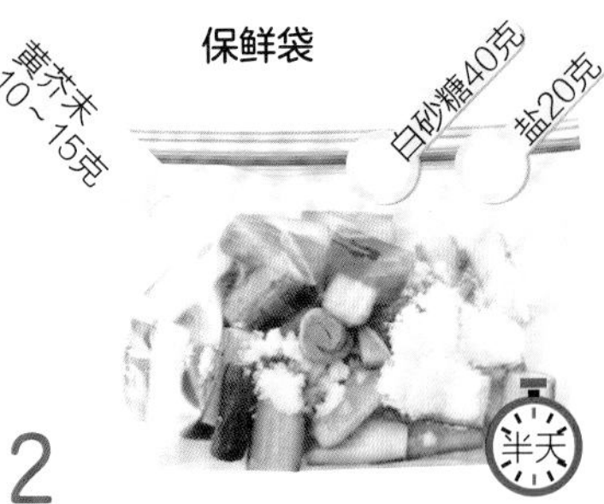


2

将小黄瓜和调味料放入保鲜袋中揉搓，挤出空气后放入冰箱冷藏半天。

＊如果喜欢吃辣，可以将黄芥末增加至15克。
＊搓揉得越仔细，会越入味。

— 火速完成 —

# 泡菜章鱼

## 顺手加菜

### 青紫苏泡菜章鱼

放入切丝的青紫苏，再淋入香油，让滋味更上一层楼。

**材料**（1人份）

- 章鱼（刺身用）……60克
- 泡菜……60克

章鱼60克

1

章鱼切成适口大小。

泡菜60克

2

将章鱼和泡菜拌匀即可。

微波炉快手菜

# 味噌烤豆腐

## 材料（1人份）

- 绢豆腐……1/2块

## 调味料

- 黄芥末……2克
- 白砂糖……1大勺
- 味噌……1大勺
- 水……1小勺

## 推荐配料

- 香葱

1

将调味料放入容器中拌匀。

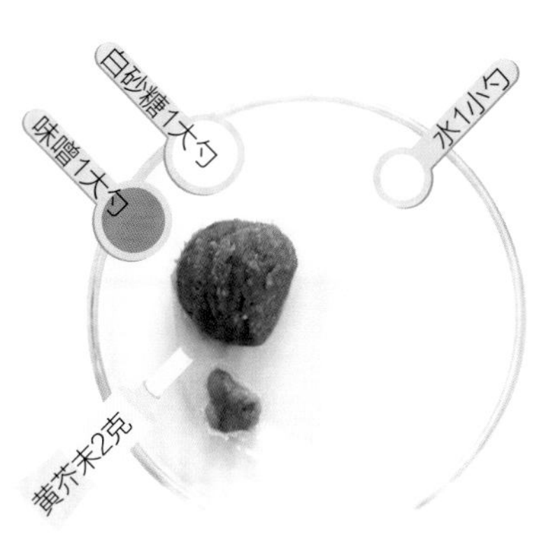


2

绢豆腐切成3等份，用微波炉加热2分钟。

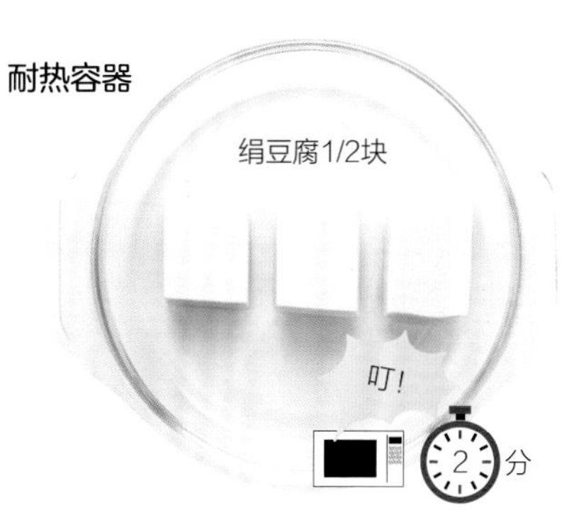


3

用厨房纸巾吸干多余水分。

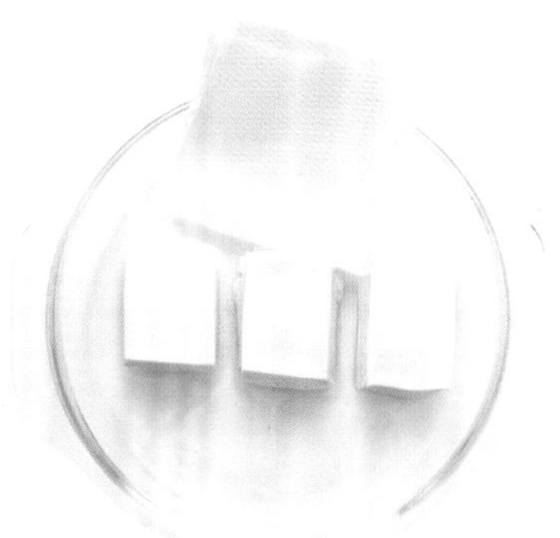

4

将调味料抹在豆腐上。

＊用烤箱代替微波炉，可以将豆腐烤得更焦脆。

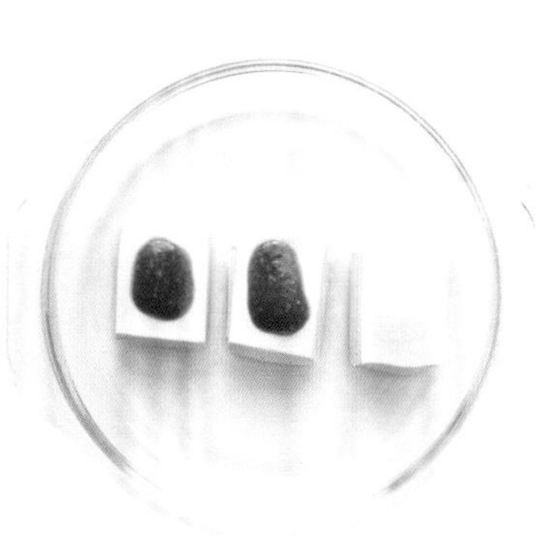

## 顺手加菜
### 快手汤豆腐

将剩余的绢豆腐放入微波炉加热，倒掉多余水分后放柴鱼片和香葱，淋酱油，就成了一道快手汤豆腐。

## — 香气逼人 —
# 烤蒜

### 顺手加菜
### 黄油酱油香煎大蒜

蒜即将做好时，掀开铝箔纸，放入黄油和酱油，烤成金黄色，就变为黄油酱油风味了。

**材料**（1～2人份）

蒜……1头

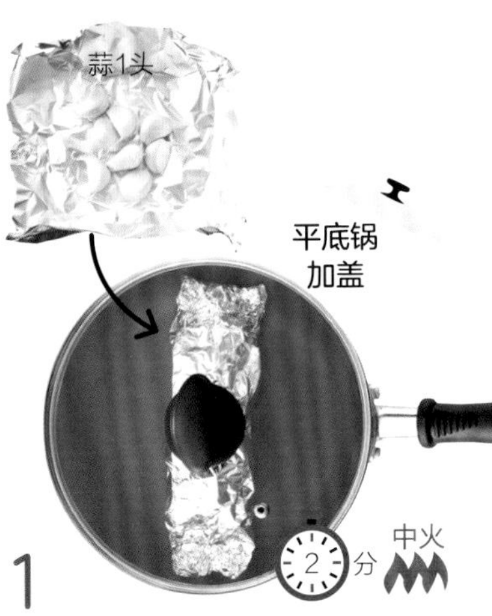


1
将蒜剥成小瓣，用铝箔纸包好，中火煎2分钟。

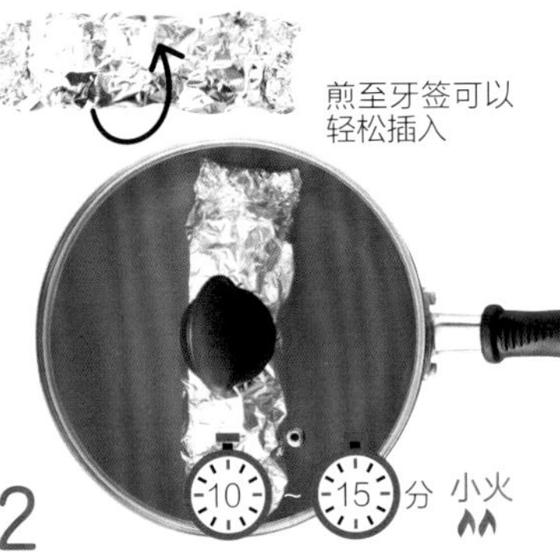


2
将铝箔纸翻面，小火继续煎10～15分钟。

3
取下铝箔纸，剥掉蒜皮。

* 不剥皮直接煎，大蒜更加松软可口。

## — 小酒馆风格下酒菜 —

# 蒜香面包脆饼

### 顺手加菜

**甜味面包脆饼**

用白砂糖代替胡椒盐和蒜泥，就是一道甜味的小零食。

### 材料（1～2人份）

- 吐司边……1~2片的量

### 调味料

- 蒜泥……3克
- 胡椒盐……撒1下的量

### 炒菜用

- 橄榄油……3大勺

### 推荐配料

- 欧芹

1
将吐司边对半切开。

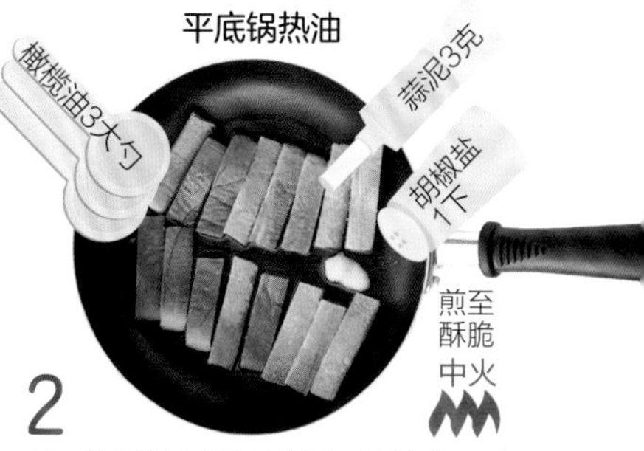


2
将吐司边和调味料全部放入锅中，中火煎炒。

＊用1瓣蒜代替蒜泥，能呈现出炸蒜片的味道，并享受到蒜的口感。同时使用蒜瓣和蒜泥也很棒。

—— 不用炸就能完成 ——

# 煎薯角

## 材料（1人份）

- 土豆……1个

## 调味料

- 水……1大勺
- 胡椒盐……1/2小勺

## 煎土豆用

- 橄榄油……1大勺

## 推荐配料

- 百里香

1
土豆洗净后切成8等份。

土豆1个

2
将水和土豆放入耐热容器中，用微波炉加热4分钟。

耐热容器
包上耐热保鲜膜
水1大勺
叮！
加热至牙签可以轻松扎透
约4分

3
倒入橄榄油，中火将土豆煎至金黄色。

平底锅热油
橄榄油1大勺
煎至金黄色
中火

4
撒胡椒盐拌匀。

胡椒盐1/2小勺
中火

*土豆如果个头较小，可以用2个。
*蘸番茄酱和蛋黄酱混合而成的酱料食用，味道更佳。

## 顺手加菜
### 不用炸的薯片

将土豆切薄片，用微波炉加热至没有水分，撒盐，薯片就做好了。

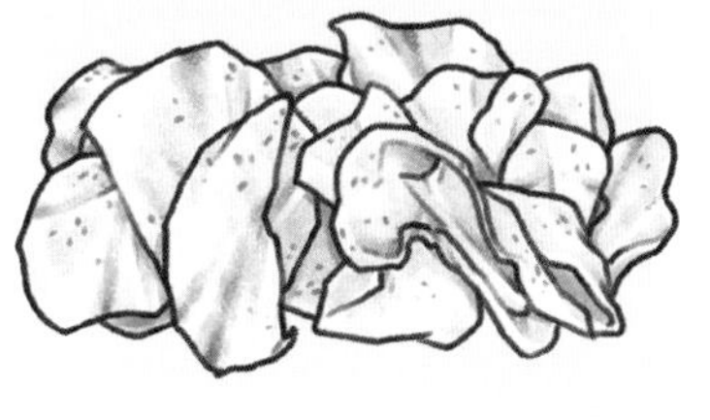

拉面店风格特色小菜

# 微辣鸡肉叉烧

## 材料（2~3人份）

- 鸡胸肉……1片
- 大葱……1/2根

## 调味料

- 酱油……100毫升
- 味醂……100毫升
- 辣椒油……1小勺
- 胡椒盐……撒2下的量

## 推荐配料

- 炒白芝麻

1

将鸡胸肉、酱油、味醂放入耐热容器中，用微波炉加热5分钟。

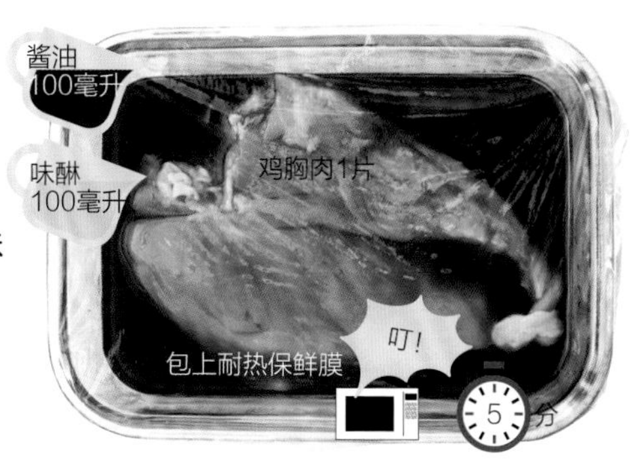


2

鸡胸肉翻面，再加热5分钟。

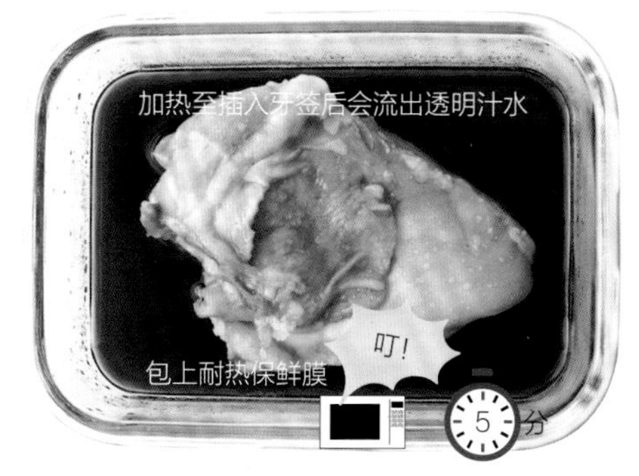


3

将鸡胸肉斜切成适口大小，大葱切段。

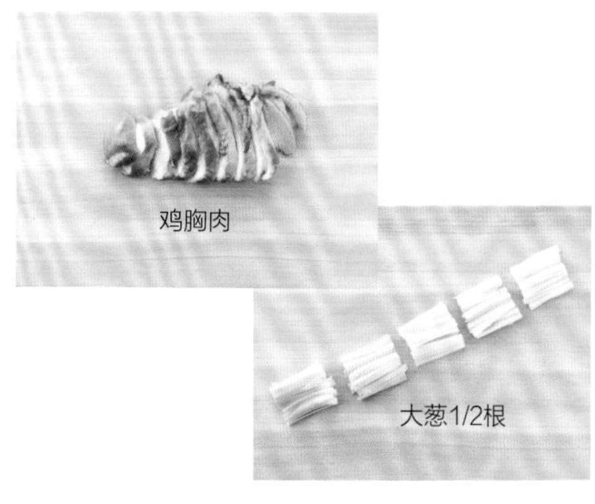


4

将鸡胸肉、大葱、辣椒油和胡椒盐放入盘中拌匀。

## 顺手加菜

### 葱香鸡肉叉烧炒饭

将剩余的大葱和鸡胸肉切碎，和蛋液、胡椒盐、米饭一起炒，就是一道葱香鸡肉叉烧炒饭。

# 迷人的面条

简单易搭配的意大利面、快手又饱腹的乌冬面等，对任何人来说，面条都是方便实用的食材。本章将会介绍16道进一步提升面条美味的食谱。一碗面就可以作为一餐，这也是面条的优势。两三下就可以完成，一定要试试。

— 浓郁美味 —

# 明太子黄油酱油乌冬面

## 材料（1人份）

- 冷冻乌冬面……1份
- 明太子……1~2条
- 牛奶……100毫升

## 调味料

- 黄油……1小勺
- 酱油……1/2小勺

## 推荐配料

- 海苔丝

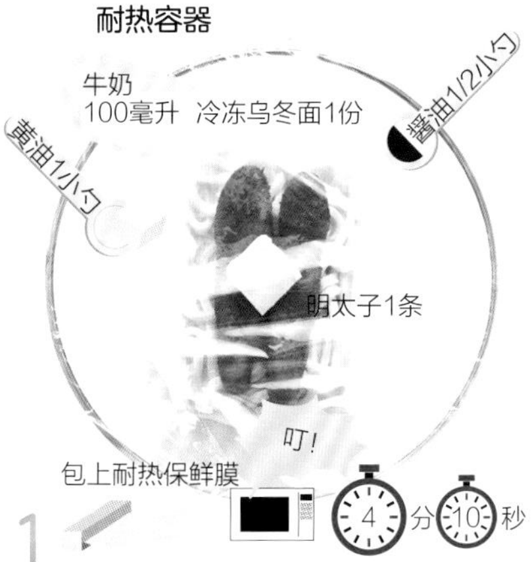


1 将所有材料放入耐热容器中，用微波炉加热。

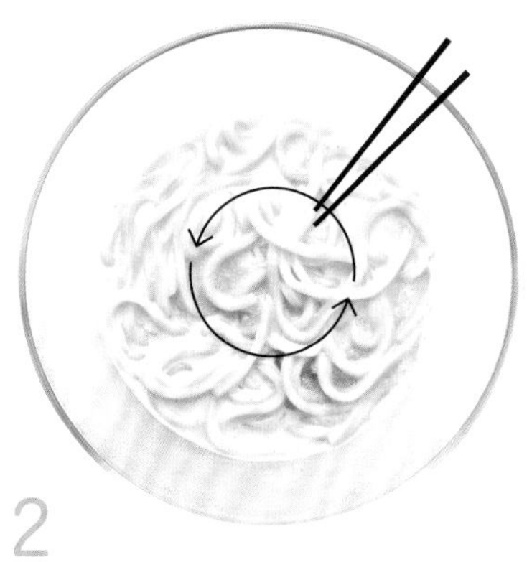

2 将明太子与乌冬面拌匀。

＊冷冻乌冬面的解冻时间为4分10秒，请以此为参考值。这个时间可以让乌冬面完全解冻，又不会过热。

## 顺手加菜

### 明太子奶香炖饭

在剩余的汤汁中加入米饭、100毫升牛奶和芝士粉炖煮，就是一道适合酒后来上一碗的明太子奶香炖饭。

## — 令人上瘾的日式风味 —

# 蛋黄酱酱油盐昆布乌冬面

### 顺手加菜
### 青椒小菜

将剩余的盐昆布和青椒丝用香油翻炒，顺手做出一道小菜。

**材料**（1人份）

- 冷冻乌冬面……1份

**调味料**

- 盐昆布……1小撮
- 蛋黄酱……1大勺
- 酱油……1大勺
- 香油……1小勺

冷冻乌冬面1份

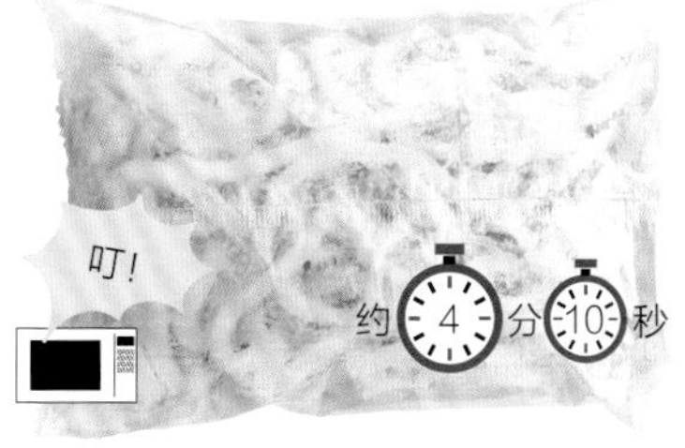


1

将冷冻乌冬面用微波炉加热。

容器

2

将乌冬面与调味料拌匀。

海鲜与蘸面汁双重高汤

# 简易日式蛤蜊面

## 材料（1人份）

- 意大利面……100克
- 蒜……1瓣
- 蛤蜊……100克

### 调味料

- 清酒……150毫升
- 蘸面汁……1大勺
- 胡椒盐……撒2下的量

### 炒菜用

- 橄榄油……1大勺

### 推荐配料

- 香葱
- 炒白芝麻

## 顺手加菜
### 西式蛤蜊面

用1小勺鸡精代替蘸面汁，就可以从日式蛤蜊面变为西式。

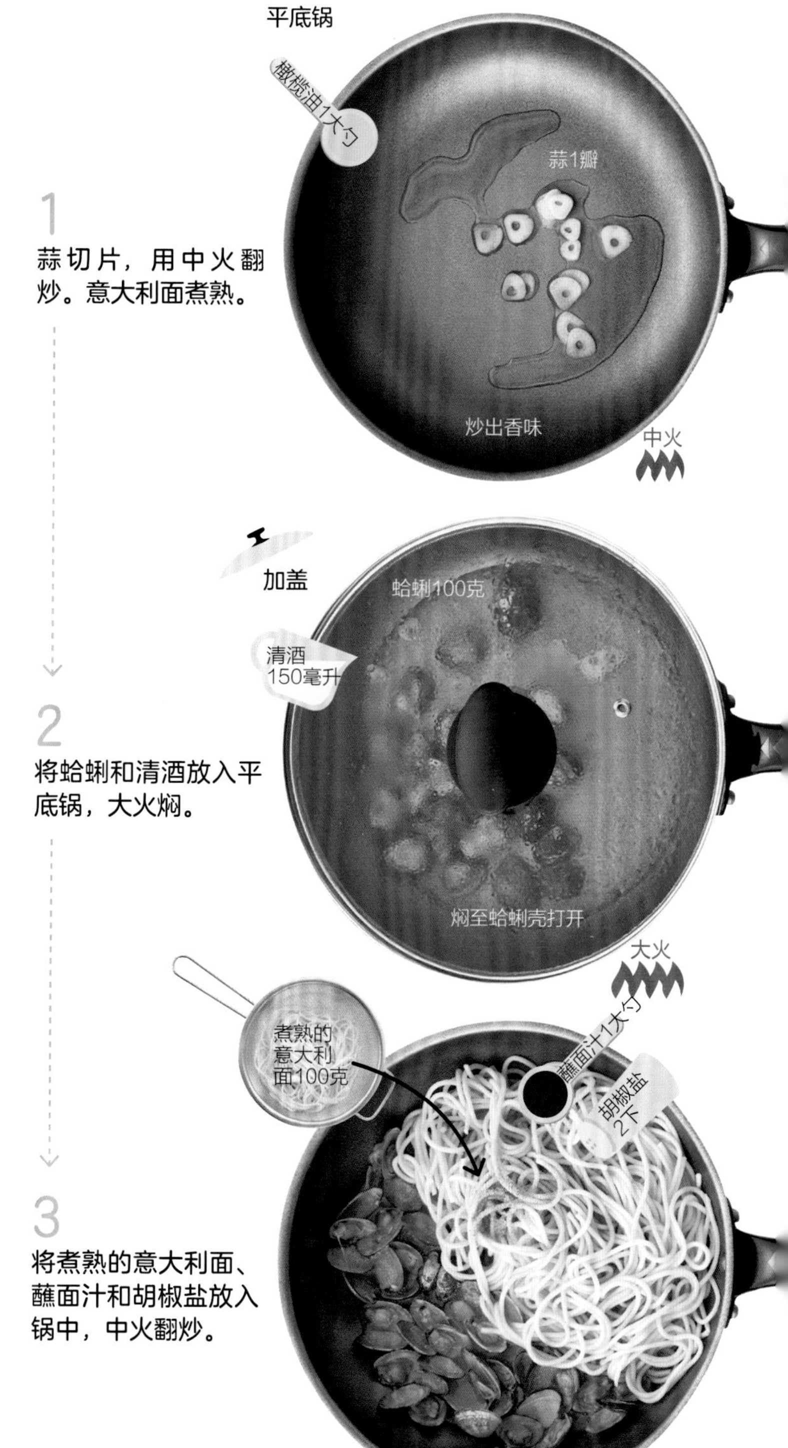


1

蒜切片，用中火翻炒。意大利面煮熟。

2

将蛤蜊和清酒放入平底锅，大火焖。

3

将煮熟的意大利面、蘸面汁和胡椒盐放入锅中，中火翻炒。

做过无数次

# 番茄肉酱意大利面

## 材料（1人份）

- 意大利面……80克
- 猪肉馅……80克
- 洋葱……1/2个
- 蒜……1瓣
- 番茄罐头……1/2罐

### 调味料

- 水……1大勺
- 清酒……200毫升
- 味醂……1小勺
- 鸡精……1小勺
- 胡椒盐……撒2下的量
- 番茄酱……1大勺

### 推荐配料

- 欧芹

1

将意大利面对折、泡水，洋葱切末，加水后用微波炉加热。

2

蒜切末，和洋葱、猪肉馅一起用中火翻炒。

3

放入清酒和味醂，盖上锅盖大火加热。

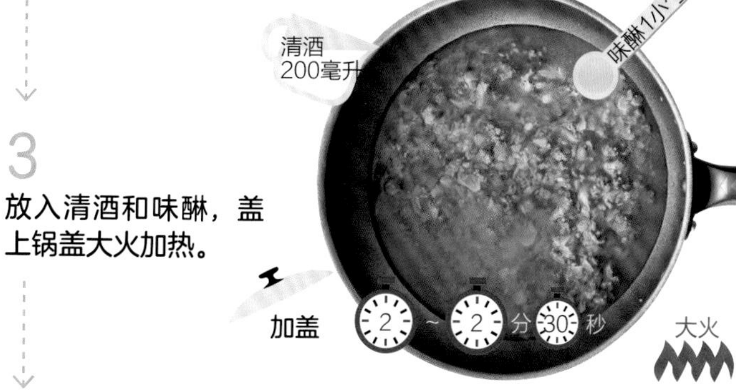


4

将沥干水分的意大利面、番茄罐头和鸡精放入锅中，中小火炖煮，最后撒胡椒盐，拌入番茄酱。

## 顺手加菜
### 快手番茄汤

将剩余的番茄罐头加入洋葱片、200毫升水和1小勺鸡精，即可熬出一锅美味的番茄汤。

＊意大利面先浸泡1小时，就不用预先烫煮，做好后口感更有弹性。
＊在制作酱汁的过程中直接加入意大利面一起煮，酱汁的味道更容易渗入面条中，更加美味。
＊煮的过程中边搅拌边确认面的硬度。
＊番茄的酸味与番茄酱、味醂的甜味可以让味道更有层次。

滋味美妙

# 蒜香辣椒意大利面

## 材料（1人份）

- 意大利面……100克
- 蒜……1瓣
- 红辣椒……1个

### 调味料

- 盐……35克
- 水……2升

### 炒菜用

- 橄榄油……3大勺

### 推荐配料

- 黑胡椒
- 黑欧芹

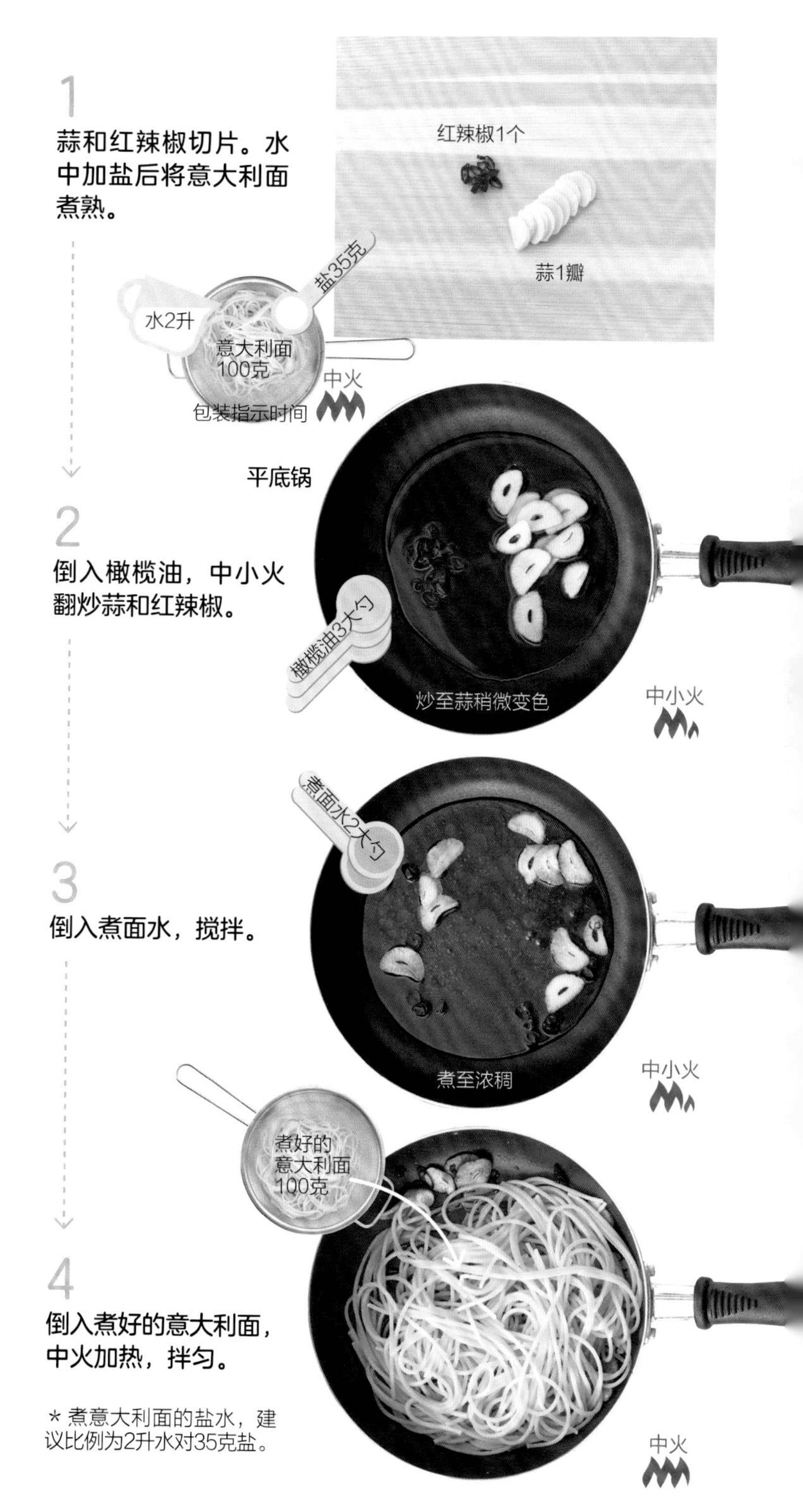


1

蒜和红辣椒切片。水中加盐后将意大利面煮熟。

2

倒入橄榄油，中小火翻炒蒜和红辣椒。

3

倒入煮面水，搅拌。

4

倒入煮好的意大利面，中火加热，拌匀。

＊煮意大利面的盐水，建议比例为2升水对35克盐。

## 顺手加菜
### 蒜香面包

将剩余的蒜香辣椒意大利面的酱汁用来蘸吐司或法国面包，非常美味。

## — 青紫苏搭配芝士粉 —

# 简易青酱意大利面

### 顺手加菜

**青酱海鲜沙拉**

用章鱼或虾、煮熟的土豆代替意大利面，与青酱拌在一起也非常好吃。

* 青紫苏上淋1小勺水，更容易切碎。

**材料**（1人份）

- 意大利面……100克
- 青紫苏……1把

**调味料**

- 水……1小勺
- 芝士粉……1大勺
- 胡椒盐……撒3~5下的量
- 酱油……1/2小勺

**炒料用**

- 橄榄油……3大勺

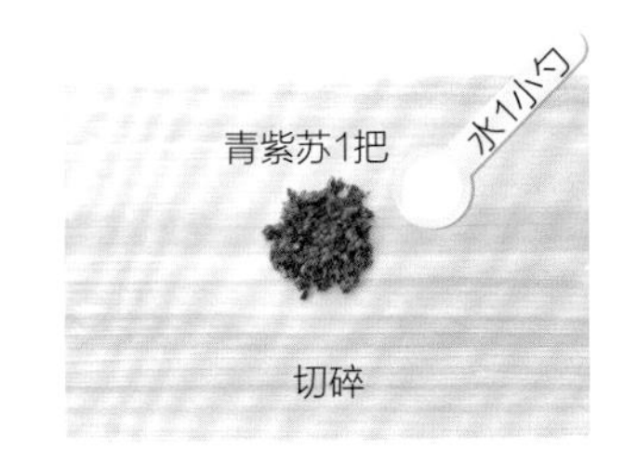


1 青紫苏洗净后沥水，剁碎。将意大利面煮熟。

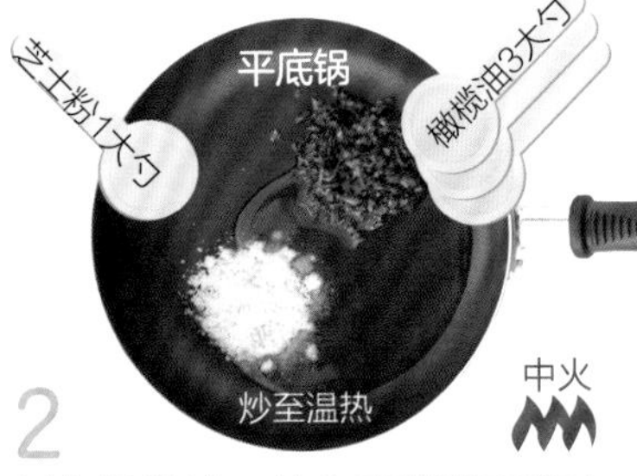


2 倒入橄榄油，放入青紫苏和芝士粉，中火翻炒。

3 放入煮好的意大利面、胡椒盐和酱油，拌匀。

— 微波炉加热即可 —

# 日式那不勒斯意大利面

## 顺手加菜

### 蛋包意大利面

意大利面上盖上蛋皮，就成为松软可口的蛋包意大利面。

## 材料（1人份）

- 意大利面……80克
- 热狗香肠……2根
- 青椒……1个

## 调味料

- 水……200毫升
- 鸡精……1小勺
- 番茄酱……3大勺
- 芝士粉……1大勺

## 推荐配料

- 芝士粉
- 欧芹

1

热狗香肠切圆片，青椒切细丝。

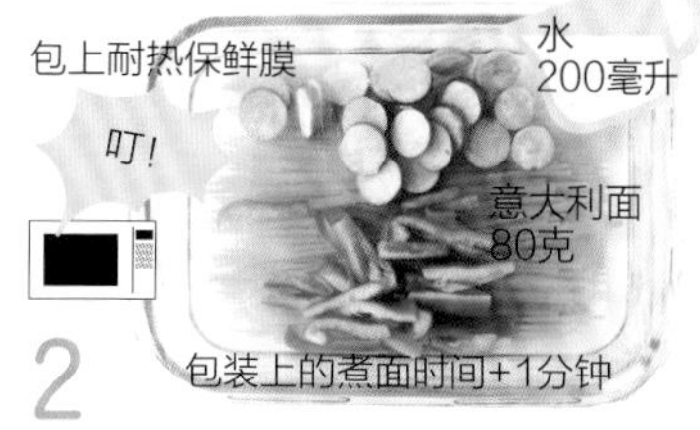


2

将对折的意大利面、水、热狗香肠和青椒放入耐热容器，用微波炉加热。

3

加入调味料，拌匀。

盐昆布风味

# 极品日式培根鸡蛋面

## 材料（1人份）

- 意大利面……100克
- 培根……20克
- 蒜……1瓣
- 蛋黄……1个

### 调味料

- 盐昆布……1小撮（约5克）
- 牛奶……200毫升
- 芝士粉……1大勺
- 日式高汤粉……1小勺
- 黑胡椒……撒2~3下的量

### 炒料用

- 橄榄油……1大勺

### 推荐配料

- 芝士粉
- 欧芹

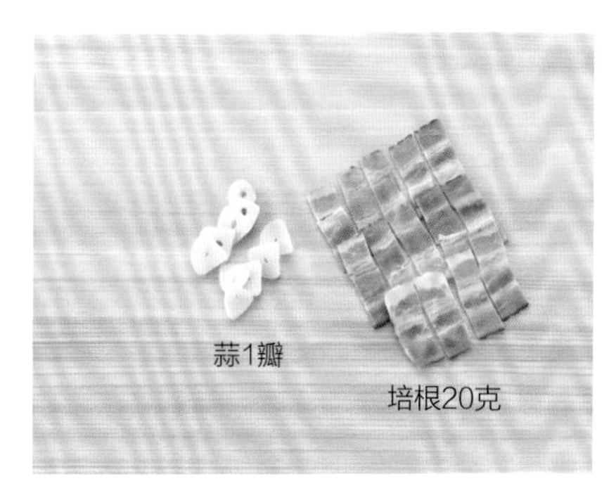


1

蒜切片，培根切成适口大小。

2

倒入橄榄油，中火翻炒蒜和培根。

平底锅
橄榄油1大勺
煎至油脂渗出
中火

3

放入黑胡椒以外的调味料，小火加热。煮熟意大利面。

煮至即将沸腾
牛奶200毫升
芝士粉1大勺
日式高汤粉1小勺
盐昆布1小撮
小火

4

放入煮好的意大利面，中火加热，拌匀。

煮好的意大利面100克
中火

盛盘后放上蛋黄，撒上黑胡椒。

## 顺手加菜
### 酥脆培根蛋

将剩余的培根和蛋清一起煎熟，就是一道酥脆的培根蛋小菜。

— 香气扑鼻 —

# 茄子肉馅黄油酱油意大利面

## 材料（1人份）

- 意大利面……100克
- 茄子……1小根
- 猪肉馅……80克

### 调味料

- 黄油……1大勺
- 酱油……1大勺

### 炒料用

- 黄油……1大勺

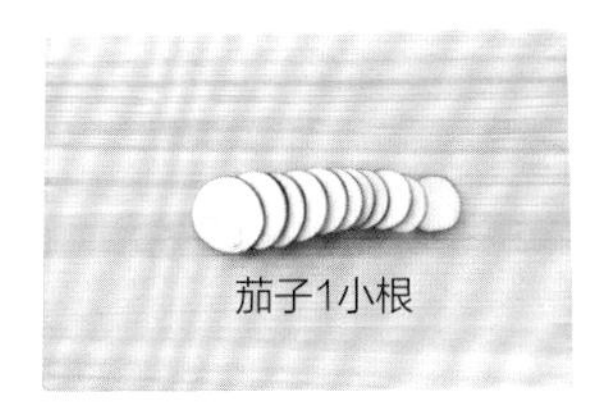


1 茄子切成适口大小，将意大利面煮熟。

平底锅加热

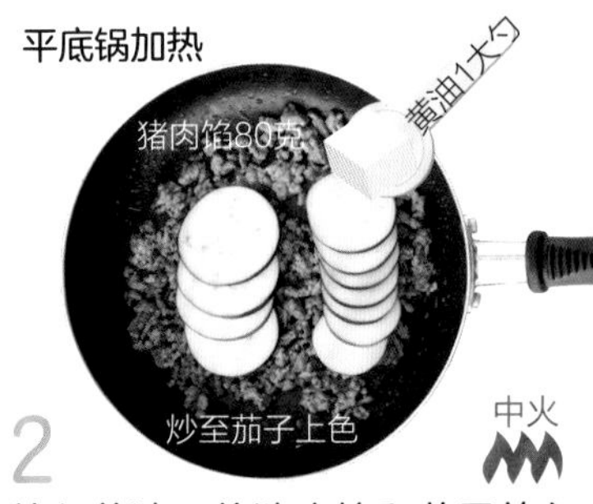


2 放入黄油，将猪肉馅和茄子放入锅中，中火翻炒。

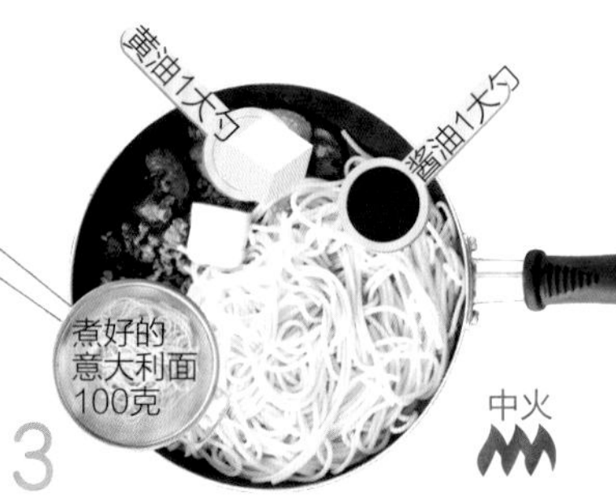


3 放入煮好的意大利面、酱油和黄油，拌匀。

### 顺手加菜
### 生姜酱油淋茄子

将1大勺水淋在剩余的茄子上，用微波炉加热，蘸生姜酱油食用。

—— 咸味明太子与黄油相得益彰 ——

# 明太子黄油意大利面

## 材料（1人份）

- 意大利面……100克
- 明太子……1~2条
- 牛奶……100毫升

### 调味料

- 蛋黄酱……1小勺
- 黄油……1小勺
- 蘸面汁……1大勺

将意大利面之外的材料放入锅中，小火炖煮。

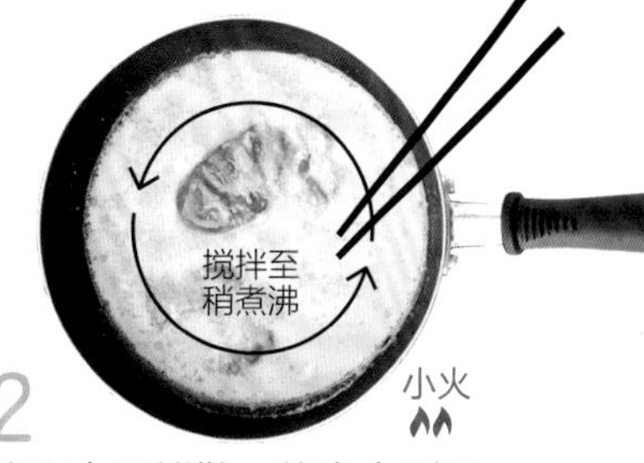


将明太子搅散。将意大利面煮熟。

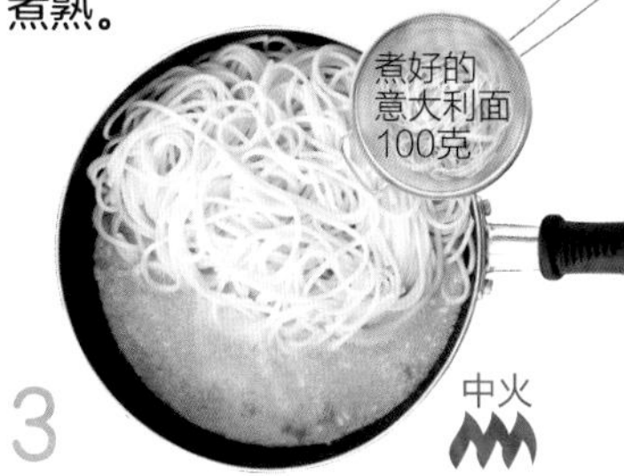


放入煮好的意大利面，中火加热，拌匀。

* 明太子有咸味，煮意大利面时可不用加盐。
* 用蘸面汁代替酱油，可以让味道更有深度。

## 顺手加菜
### 明太子蛋黄酱饭团

将明太子和蛋黄酱混合做成饭团馅，非常好吃。

每个细节都美味

# 葱香意大利面

**材料**（1人份）

- 意大利面……100克
- 大葱……1/2根

## 调味料

- 酱油……1小勺
- 胡椒盐……撒3~5下的量

## 炒料用

- 香油……1大勺

## 推荐配料

- 鸭儿芹
- 红辣椒

1
大葱的葱白和葱绿分别切成适口大小。

平底锅热油

2
倒入香油，小火翻炒葱绿。

3
放入葱白翻炒。煮熟意大利面。

4
放入煮好的意大利面、酱油和胡椒盐，中火翻炒均匀。

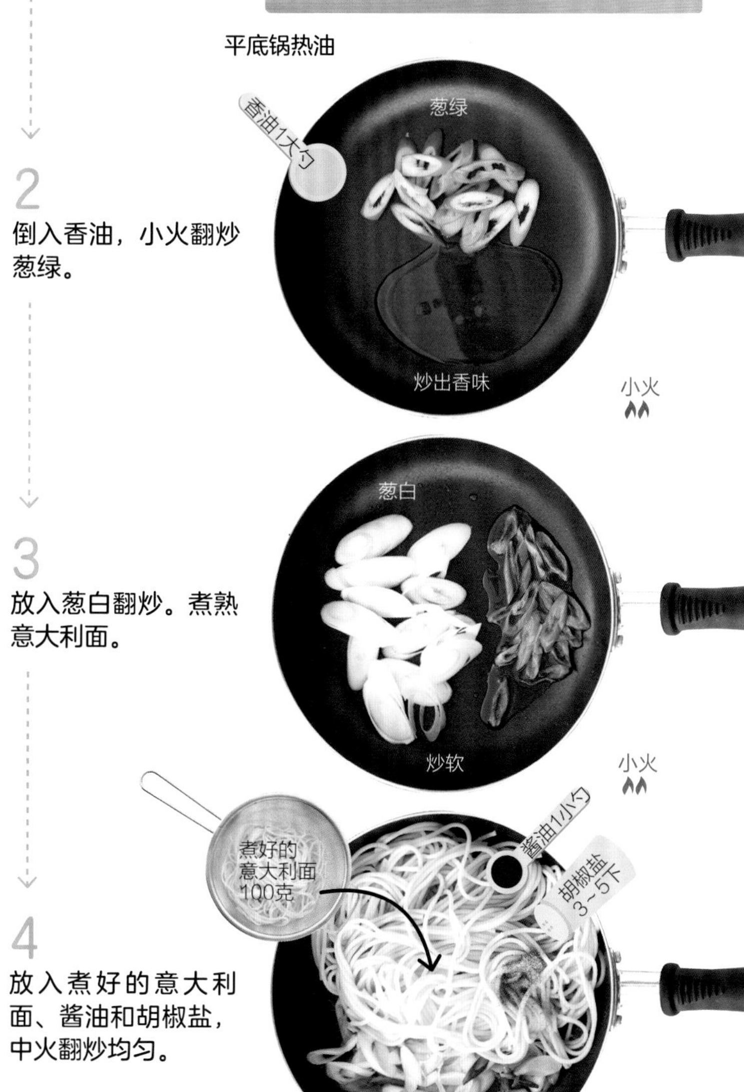


## 顺手加菜
### 葱香辣椒意大利面

用橄榄油代替香油，加入红辣椒，就变身为葱香辣椒意大利面。

轻松做中餐

# 麻婆炸酱面

## 材料（1～2人份）

- 油面……2份
- 猪肉馅……80克
- 麻婆豆腐调料包（附勾芡粉）……3份

### 调味料

- 味噌……1小勺
- 辣椒油……2~3滴
- 水……200毫升

### 炒料用

- 香油……1大勺

### 推荐配料

- 小黄瓜
- 炒白芝麻
- 红辣椒

## 顺手加菜
### 日式炸酱面

用日本面线（素面）代替油面，口感爽滑美味。

＊使用麻婆豆腐调料包，就可以省去复杂的调味料，轻松做出美味的麻婆豆腐。
＊如果麻婆豆腐调料包里没有勾芡粉，可以用100毫升水加2小勺淀粉制作（放入前再调制）。
＊喜欢吃辣的人可以使用辣味较重的调料包，或增加辣椒油的量。

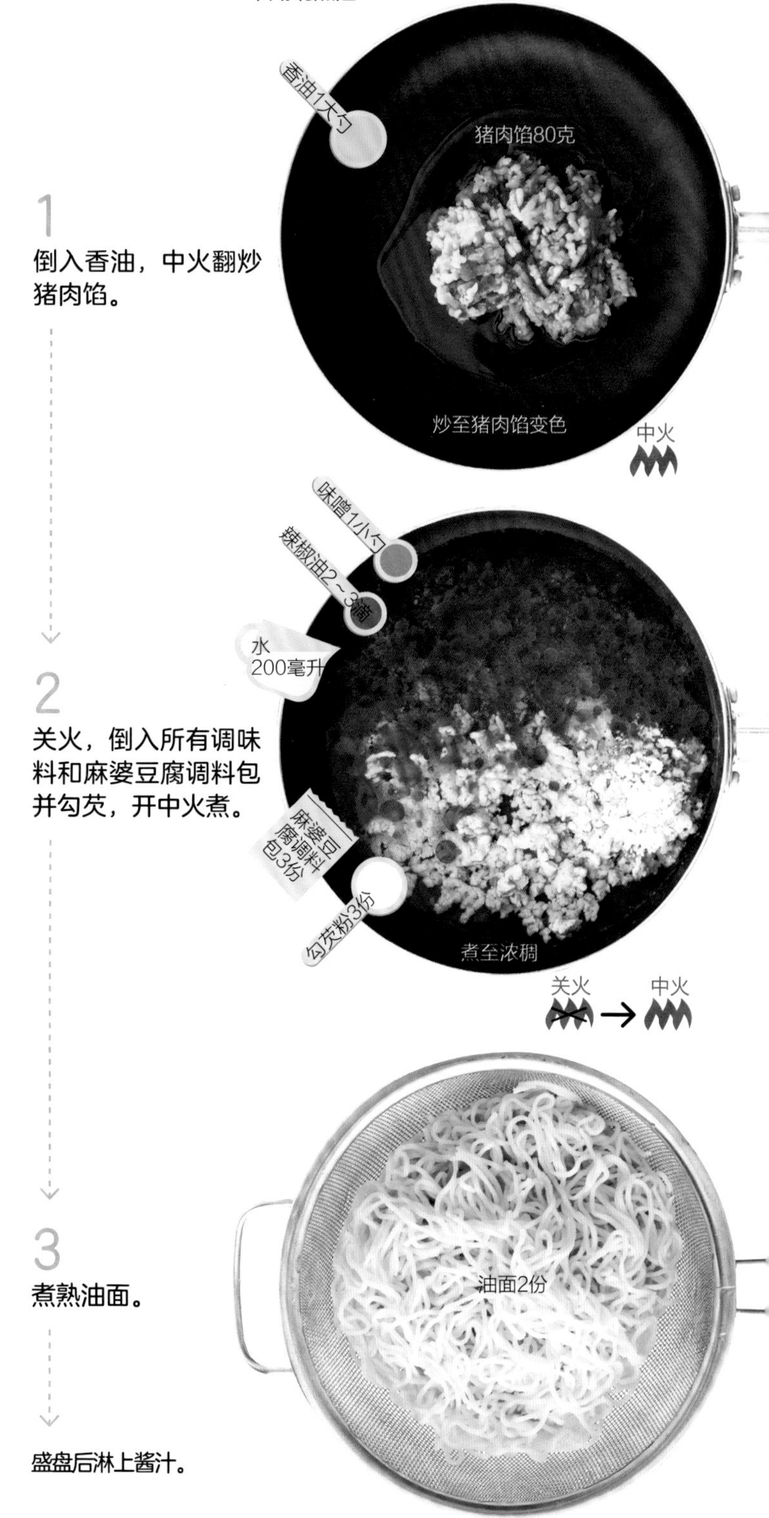


1
倒入香油，中火翻炒猪肉馅。

2
关火，倒入所有调味料和麻婆豆腐调料包并勾芡，开中火煮。

3
煮熟油面。

盛盘后淋上酱汁。

## — 欲罢不能的美味 —

# 干拌面

### 顺手加菜
**用来做戚风蛋糕的蛋清**

蛋清用保鲜膜包好后冷冻，就可以用于制作戚风蛋糕（第183页）。

**材料**（1人份）

- 方便面（附汤料包）……1包
- 蛋黄……1个

**调味料**

- 方便面汤料……1/2包
- 蒜泥……2~3克
- 酱油……1/2小勺
- 香油……1/2小勺

**推荐配料**

- 香葱
- 烤海苔
- 黑胡椒

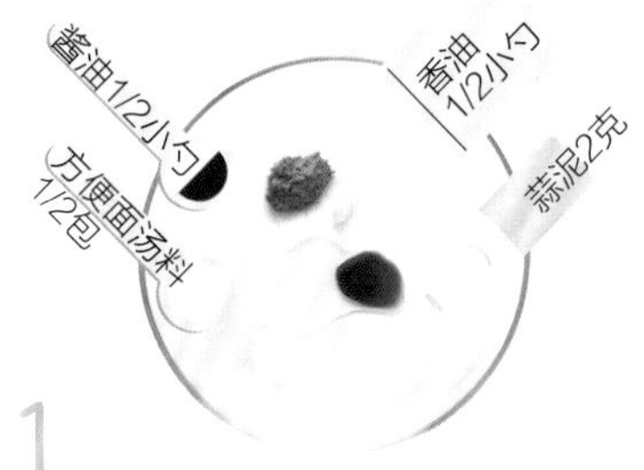


1

**将所有调味料放入容器中拌匀。煮熟方便面。**

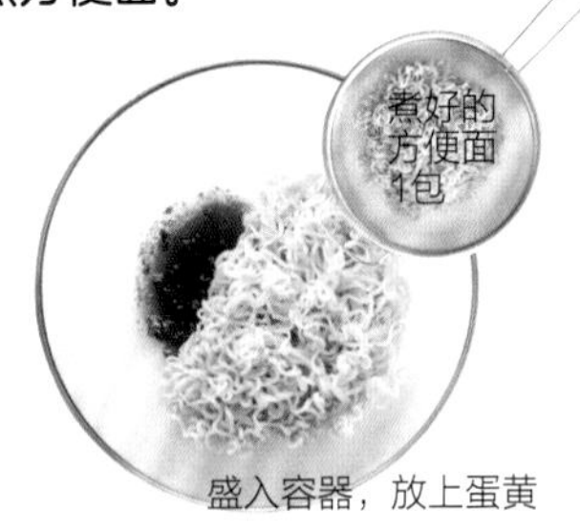


2 盛入容器，放上蛋黄

**将方便面与酱汁拌匀。**

＊直接用吃面的碗混合调味料，可以少洗碗。
＊方便面用任何自己喜欢的口味都可以。
＊推荐使用盐味和豚骨风味。

— 超好吃 —

# 培根鸡蛋风味凉面

## 顺手加菜

### 洋葱培根汤

将剩余的培根和切片洋葱用黄油翻炒，加入200毫升水和1/2小勺鸡精熬煮，就能完成一道洋葱培根汤。

＊用方便面代替油面也可以。

**材料**（1人份）

- 油面……1份
- 培根……20克
- 蛋黄……1个

调味料

- 牛奶……200毫升
- 鸡精……1小勺
- 芝士粉……1小勺
- 黑胡椒……撒2~3下的量

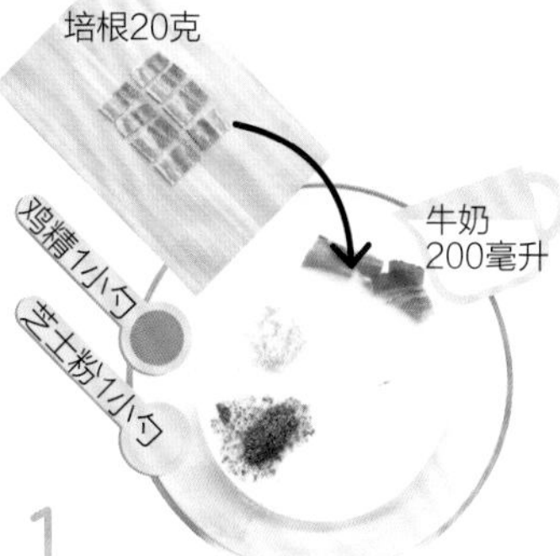


1

培根切成适口大小，与除黑胡椒外的调味料混合。

2

油面煮熟后放入凉水中冷却，沥干水分。

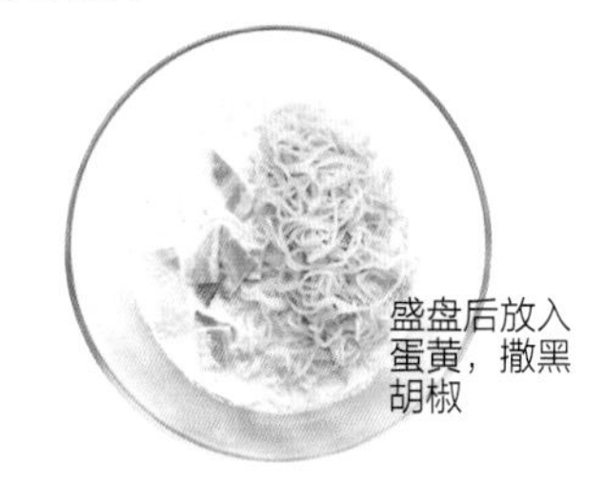


3

将油面放入步骤1的材料中，拌匀。

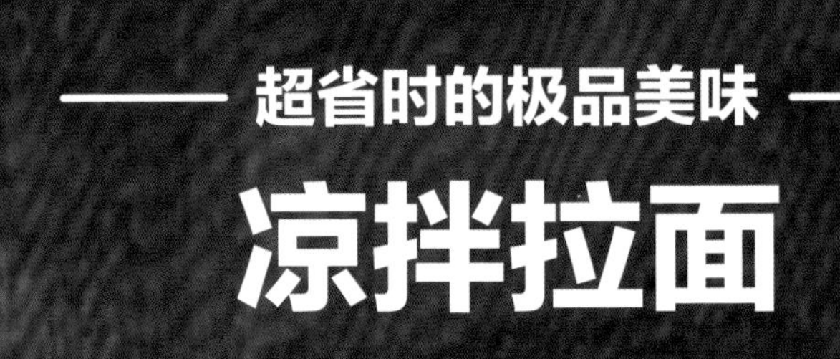

超省时的极品美味

# 凉拌拉面

## 材料（1人份）

- 油面……1份
- 鸡腿肉块……100克

### 调味料

- 清酒……3大勺
- 蘸面汁……3大勺
- 香油……1小勺
- 蒜泥……3克
- 冰块……2~3块

### 推荐配料

- 溏心蛋
- 小黄瓜
- 葱白丝

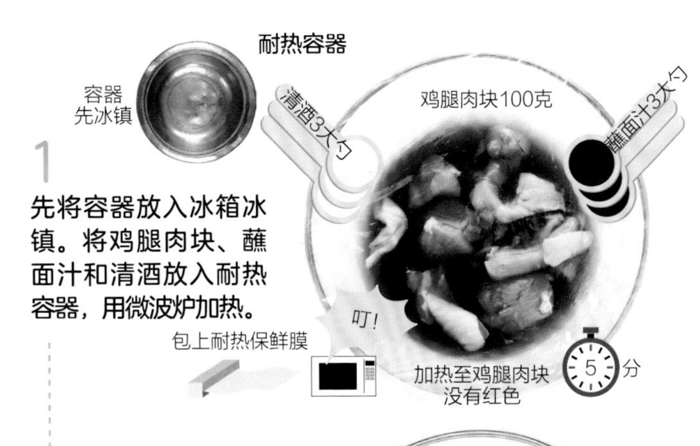


1

先将容器放入冰箱冰镇。将鸡腿肉块、蘸面汁和清酒放入耐热容器，用微波炉加热。

2

将步骤1中的酱汁倒入其他容器中放凉。煮面。

3

面快煮好时将香油、蒜泥和冰块放入酱汁中拌匀。

4

将油面捞出，放入冷水中冰镇，沥干水分，盛入容器中，淋酱汁，放入鸡肉。

## 顺手加菜
### 速食干拌面

省去步骤2放凉和步骤4冰镇的步骤，做成干拌面。

＊用方便面制作也可以。
＊用微波炉加工鸡肉，可以轻松做出叉烧的口感。
＊渗出的鸡汤可以直接用来做汤。
＊省去冰镇的步骤，也一样好吃。

极品酱汁是秘诀

# 面馆风格炒面

## 材料（1人份）

- 炒面……1份
- 圆白菜……1片
- 猪五花肉片……50克

### 调味料

- 中浓酱……1大勺
- 酱油……1小勺
- 清酒……1小勺
- 日式高汤粉……1/2小勺
- 胡椒盐……撒3下的量

### 炒菜用

- 香油……1大勺

### 推荐配料

- 海苔
- 红姜

1 将圆白菜切成适口大小，除胡椒盐外的所有调味料混合均匀。

2 炒面不要拨散，放在平底锅中央，中火煎制。

3 将炒面翻面，依次将猪五花肉片和圆白菜放在炒面周围。

4 加入酱汁和胡椒盐，炒匀。

## 顺手加菜
### 凉拌圆白菜

将剩余的圆白菜切丝，微波炉加热后沥干水分，拌上蛋黄酱，就完成一道凉拌圆白菜。

* 将炒面两面都煎一下，就可以做出铁板煎面的香气。
* 用材料表中的调味料，就可以做出极品酱汁。

# 终极配菜

餐桌上如果有大分量的肉料理，还有色香味俱佳的配菜，就特别令人开心。本章将介绍“还缺一道菜”“不知道今天要吃什么”时可以派上用场的菜品。每一道都令人垂涎三尺，讲究简单、快手而且美味。发愁吃什么时就来挑一道菜吧！

# 蛋黄酱番茄虾

### 顺手加菜
**蛋黄酱虾仁莴苣卷**

将蛋黄酱虾仁放在莴苣叶上，包起来做成手卷，美味加倍。

## 材料（1人份）

- 虾（去壳）……100克

## 调味料

- 蒜泥……3克
- 蛋黄酱……1大勺
- 番茄酱……1大勺
- 面粉……1大勺

## 炒菜用

- 香油……1大勺

## 推荐配料

- 欧芹

1 将蒜泥、番茄酱和蛋黄酱混合。

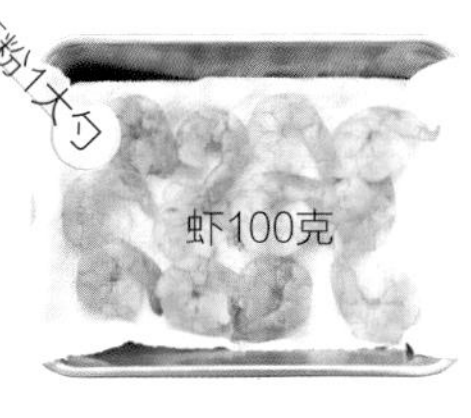


2 虾洗净后擦干，撒上面粉。

3 倒入香油，放入虾中火翻炒。

4 将虾放入调味料中，拌匀。

* 炒虾前务必把水分擦干，否则容易溅油。

## —— 好吃得停不了口 ——

# 韩式芝士泡菜五花肉

**材料**（1人份）

- 猪五花肉片……100克
- 泡菜……100克

**调味料**

- 蒜泥……3克
- 清酒……1大勺
- 酱油……1/2小勺
- 比萨用芝士……想吃的量（约50克）

**炒菜用**

- 香油……1大勺

平底锅热油

1

倒入香油，用中火翻炒猪五花肉片和泡菜。

2

放入芝士以外的调味料，继续翻炒。

3

撒上芝士，盖上锅盖，小火加热至芝士化开。

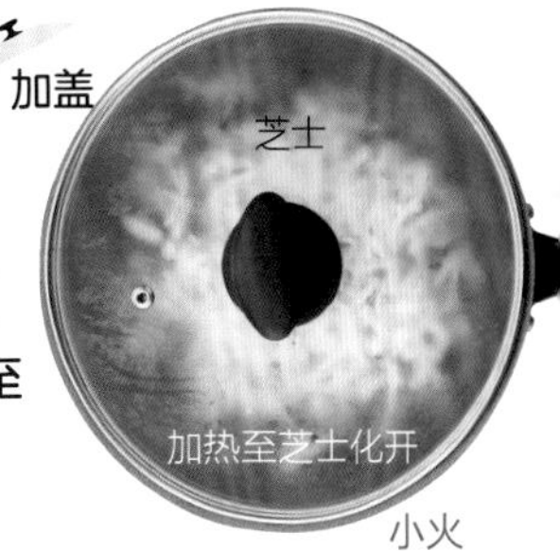


＊撒芝士后改小火，耐心等芝士化开。

## 顺手加菜

### 韩式泡菜炒饭

将剩余的韩式芝士泡菜五花肉和米饭一起炒，就是一道泡菜炒饭。

味道诱人
酸甜煎鸡翅

## 材料（1～2人份）

- 鸡翅……7~10个

## 调味料

- 胡椒盐……撒4下的量
- 淀粉……2大勺
- 酱油……1大勺
- 清酒……1大勺
- 味醂……1大勺
- 白砂糖……1小勺

## 煎鸡翅用

- 色拉油……平底锅5毫米高的量

## 推荐配料

- 炒白芝麻

1

鸡翅两面分别涂抹胡椒盐。

2

将鸡翅和淀粉放入保鲜袋中揉搓。

3

热油，将鸡翅排列在平底锅中，中小火煎制两面，关火后用厨房纸巾吸去多余油分。

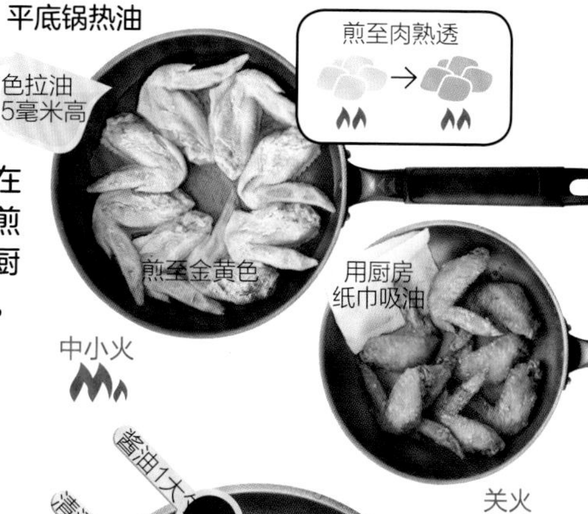


4

放入混合均匀的酱油、清酒、味醂和白砂糖，裹在鸡翅上，中火加热。



## 顺手加菜

### 海苔鸡翅

将剩余的鸡翅裹上面粉和海苔，撒胡椒盐后煎，就是一道海苔鸡翅。

终极美味

# 土豆沙拉

## 材料（1人份）

- 土豆……2个
- 水煮蛋……1个

## 调味料

- 水……1大勺
- 黄芥末……3克
- 蛋黄酱……3大勺
- 醋……1小勺
- 白砂糖……1小勺
- 日式高汤粉……1/2小勺
- 胡椒盐……撒2下的量

## 推荐配料

- 红叶莴苣
- 欧芹

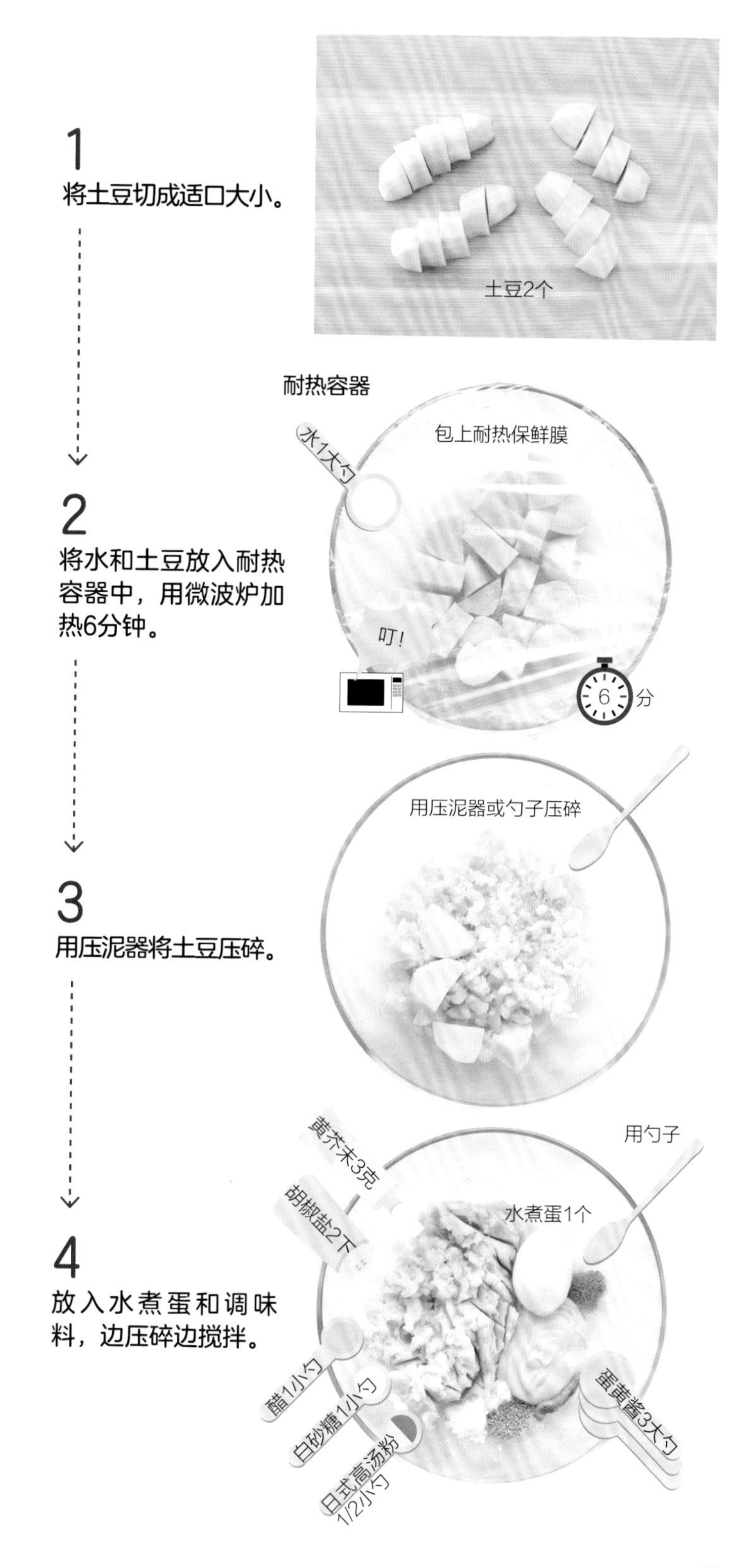


**1**

将土豆切成适口大小。

**2**

将水和土豆放入耐热容器中，用微波炉加热6分钟。

**3**

用压泥器将土豆压碎。

**4**

放入水煮蛋和调味料，边压碎边搅拌。

## 顺手加菜
### 土豆三明治

把土豆夹在吐司里也很美味！

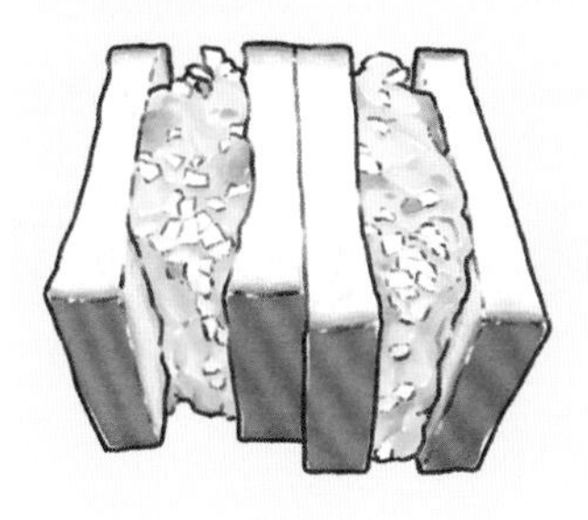

＊土豆要趁热碾碎，蛋白质不会被破坏，还可以做出松软的口感。
＊加入小黄瓜或胡萝卜，不仅颜色美观，味道也更棒。

口感酥脆

# 炸棒棒鸡腿

## 材料（1～2人份）

- 鸡琵琶腿……4~5个（约300克）

### 调味料

- 鸡蛋……1个
- 姜泥……6克
- 蒜泥……6克
- 牛奶……100毫升
- 酱油……1大勺
- 面粉……50克
- 胡椒盐……1大勺

### 炸鸡用

- 色拉油……平底锅5厘米高的量

### 推荐配料

- 柠檬

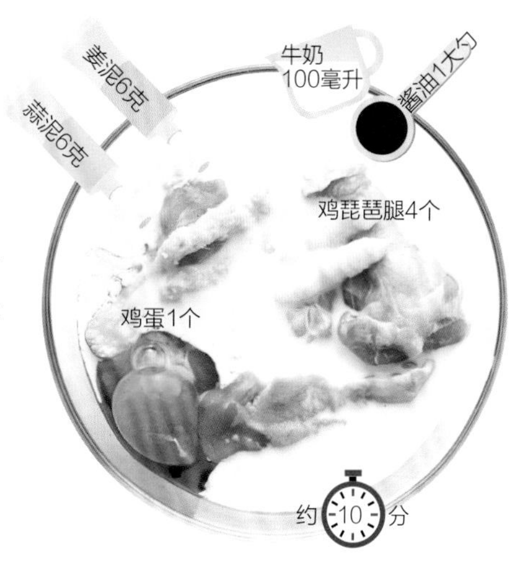


1

将鸡琵琶腿和除面粉、胡椒盐外的调味料放入容器中拌匀，腌制10分钟。

2

混合面粉和胡椒盐，均匀地裹在鸡琵琶腿上。

平底锅热油
（滴入面粉会浮起来的温度）

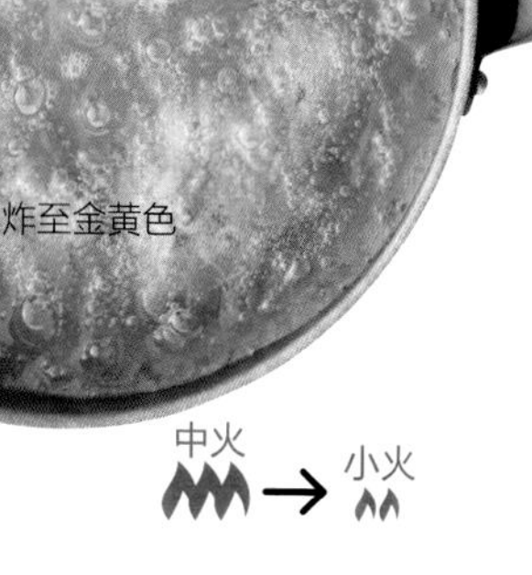


3

中火将鸡琵琶腿炸至出现金黄色，转小火炸至完全熟透。

＊也可以用鸡翅制作。
＊混合面粉和胡椒盐，可以让面衣更美味。

## 顺手加菜

### 可乐棒棒鸡腿

将剩余的鸡琵琶腿与200毫升可乐和1大勺酱油一起炖煮，就是一道可乐棒棒鸡腿。

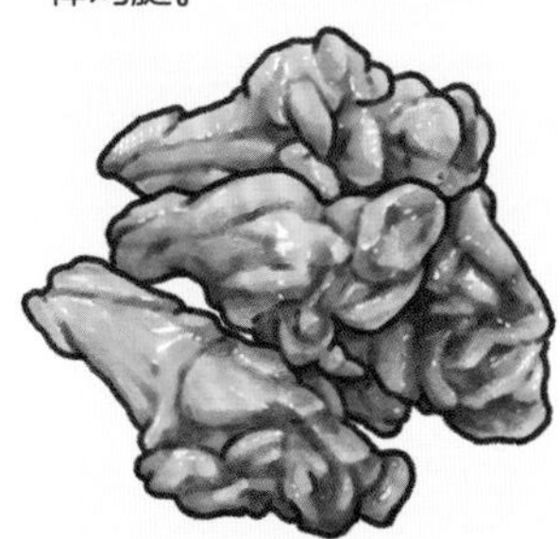

## — 吐司烤箱就能搞定 —

# 不用炸的简易猪排

## 材料（1人份）

- 猪里脊肉……1片

## 调味料

- 面包粉……2大勺
- 橄榄油……2大勺
- 芝士粉……1大勺
- 胡椒盐……撒2下的量

## 推荐配料

- 红叶莴苣
- 番茄
- 欧芹

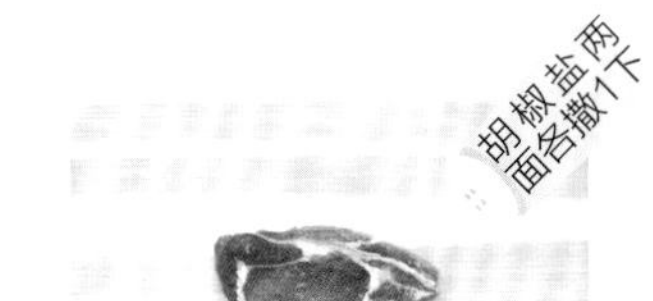


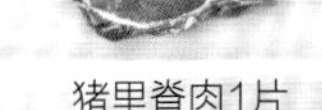


1
在猪里脊肉两面涂抹胡椒盐。

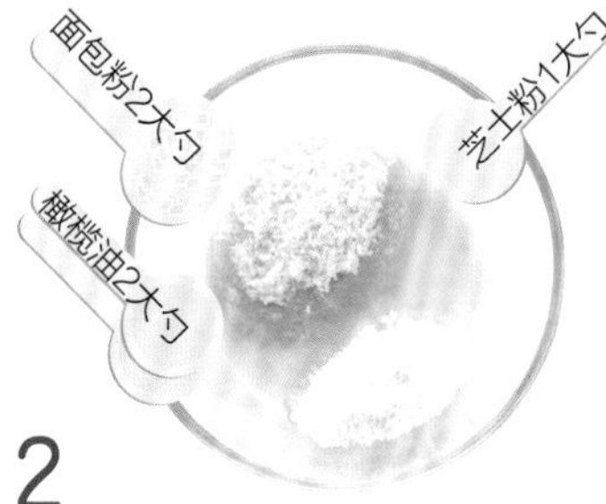


2
将面包粉、橄榄油和芝士粉混合。

3
将调味料在猪里脊肉上压实，用吐司烤箱烤10分钟。

### 顺手加菜

**炸虾排**

用虾代替猪里脊肉，就可以做出美味的炸虾排。

## — 不用搓、不用炸、也不用油 —

# 超简单开放式可乐饼

### 顺手加菜
**黄油酱油烤土豆**

将剩余的可乐饼搓成一团，用黄油和酱油煎制，就成为一道点心。

＊土豆填入容器后要压实。

## 材料（1～2人份）

- 土豆……2个
- 洋葱……1/2个

## 调味料

- 水……1大勺
- 胡椒盐……撒2下的量
- 牛奶……1大勺
- 面包粉……3大勺
- 中浓酱……想吃的量

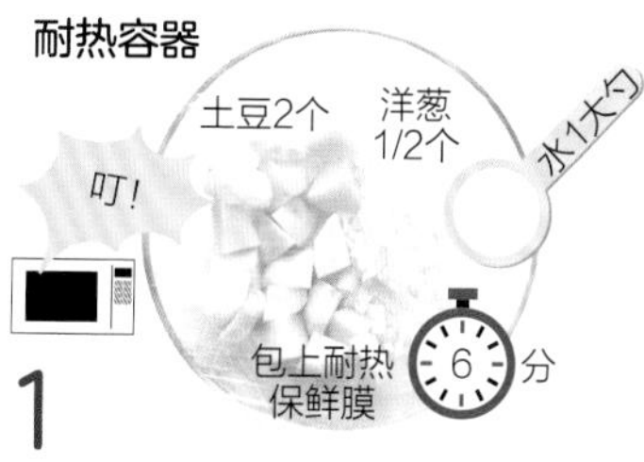


**1**

土豆切成适口大小，洋葱切碎，加水一起用微波炉加热。

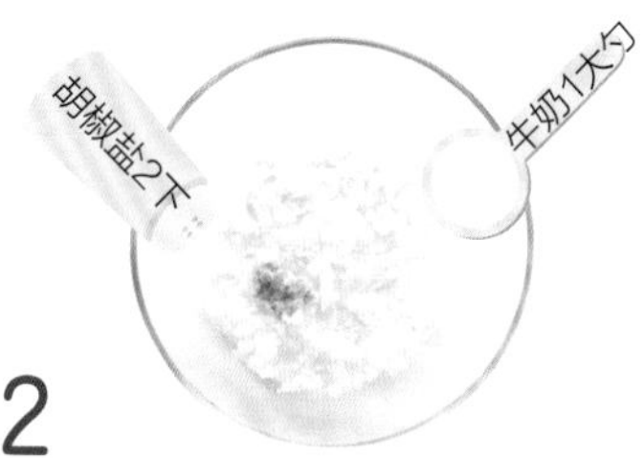


**2**

将土豆碾碎，加入洋葱、胡椒盐和牛奶，用勺子拌匀，紧实地填入容器中。

**3**

不倒油，将面包粉中火炒制后倒在步骤2的材料上，淋中浓酱。

分量十足

# 温泉蛋凯撒沙拉

## 材料（1人份）

- 莴苣叶……3~4片
- 番茄……1个
- 温泉蛋（市售）……1个

## 凯撒沙拉酱

- 蒜泥……3克
- 蛋黄酱……2大勺
- 牛奶……1大勺
- 芝士粉……1大勺
- 醋……1小勺
- 黑胡椒……撒2下的量

## 推荐配料

- 面包丁
- 芝士粉
- 香芹
- 黑胡椒

### 1

将凯撒沙拉酱的材料混合。

蒜泥3克
蛋黄酱2大勺
牛奶1大勺
芝士粉1大勺
醋1小勺
黑胡椒2下

### 2

莴苣叶撕成适口大小，番茄切小块。

### 3

将莴苣叶和番茄盛盘，淋上凯撒沙拉酱。

放上温泉蛋。

## 顺手加菜

### 面包丁

将吃剩的面包丁用橄榄油稍炒制，可以用来当配料。

— 彻底入味 —

# 肉豆腐

## 顺手加菜
### 快速上桌的肉豆腐乌冬面

将冷冻乌冬面用微波炉解冻，放上肉豆腐和蘸面汁，立刻就完成。

## 材料（1～2人份）

- 牛五花肉……100克
- 木棉豆腐……1块
- 洋葱……1/2个

## 调味料

- 酱油……3大勺
- 味醂……1大勺
- 清酒……1大勺
- 白砂糖……1大勺
- 日式高汤粉……1/2小勺
- 水……100毫升

1
将牛五花肉和木棉豆腐切成适口大小，洋葱切片。

2
将步骤1的材料与调味料全部放入平底锅中，加盖，中小火炖煮。

## — 微波炉就能搞定 —

# 正宗高汤蛋卷

### 顺手加菜

**韭菜炒蛋高汤蛋卷**

将切碎的韭菜用微波炉加热30秒，挤去水分，与蛋液混合后制作。

* 包上保鲜膜，就可以轻松卷成厚蛋卷的形状。

## 材料（1～2人份）

- 鸡蛋……2个

## 调味料

- 味醂……1大勺
- 白砂糖……2小勺
- 酱油……1/2小勺
- 日式高汤粉……1/2小勺
- 水……1大勺

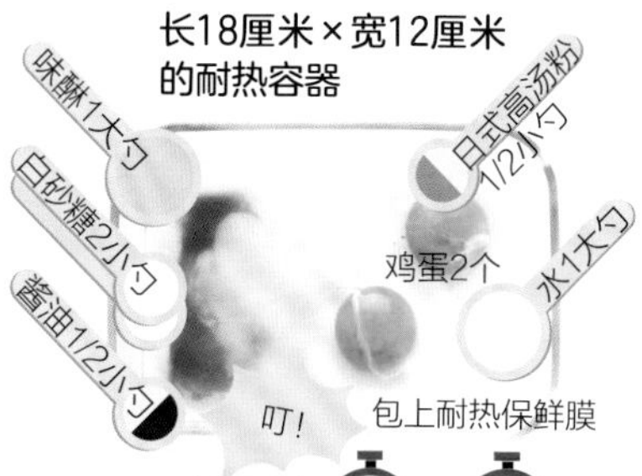


**1** 将所有材料放入耐热容器中混合，用微波炉加热。

**2** 取出后搅拌，继续加热。

**3** 用保鲜膜卷起、静置。取下保鲜膜，切成两三厘米宽。

米饭一碗接一碗

# 油淋鸡

## 材料

- 鸡腿肉块……200克

### 调味料

- 酱油……1大勺
- 清酒……1大勺
- 淀粉……2大勺

### 煎鸡腿用

- 色拉油……3大勺

## 葱酱

- 大葱……1/2根
- 清酒……1大勺
- 白砂糖……1大勺
- 醋……1大勺
- 酱油……2大勺

## 推荐配料

- 红辣椒
- 葱丝
- 炒白芝麻

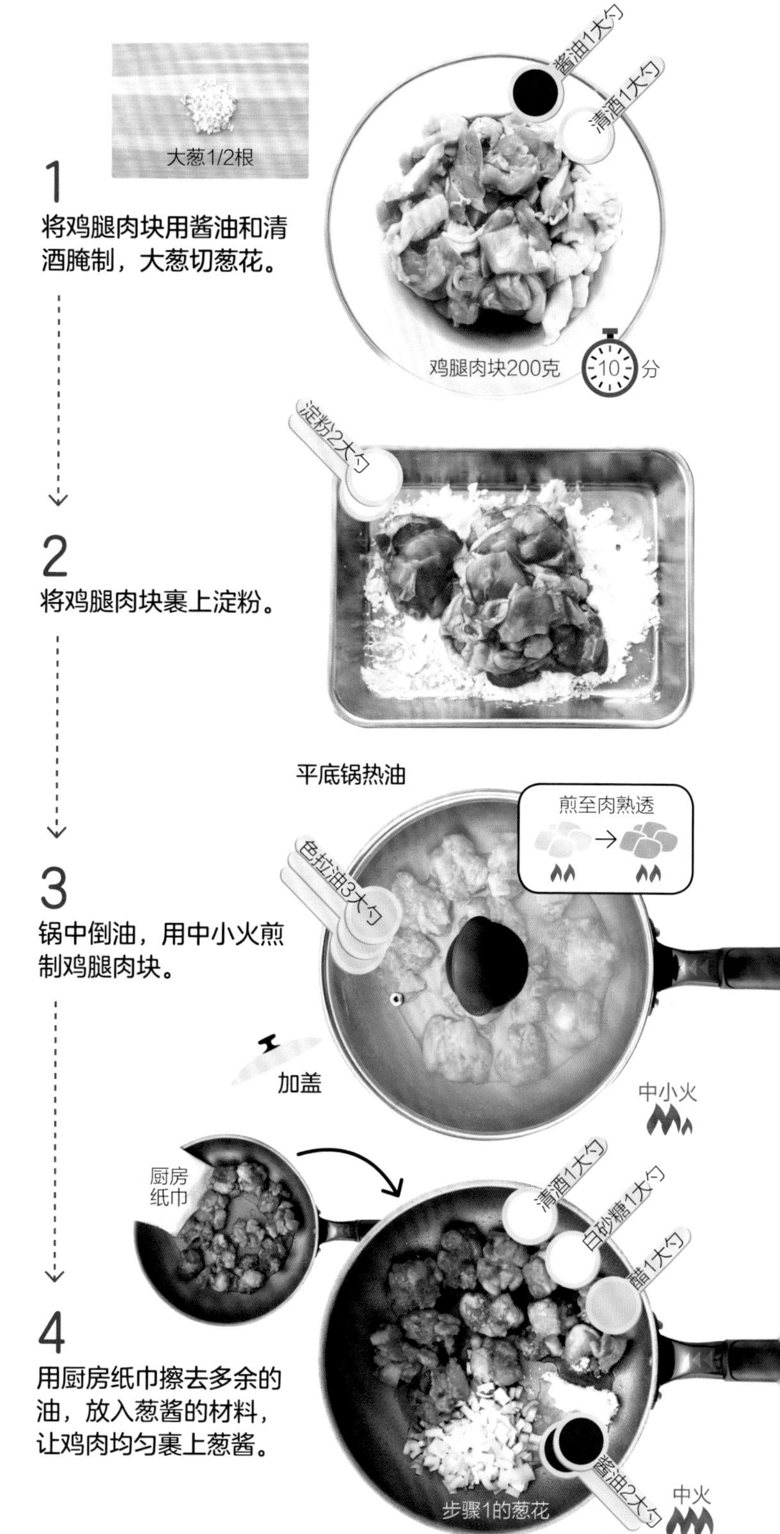


1
将鸡腿肉块用酱油和清酒腌制，大葱切葱花。

2
将鸡腿肉块裹上淀粉。

3
锅中倒油，用中小火煎制鸡腿肉块。

4
用厨房纸巾擦去多余的油，放入葱酱的材料，让鸡肉均匀裹上葱酱。

## 顺手加菜
### 油淋鸡盖浇饭

将油淋鸡和温泉蛋放在米饭上，做成油淋鸡盖浇饭，非常美味。

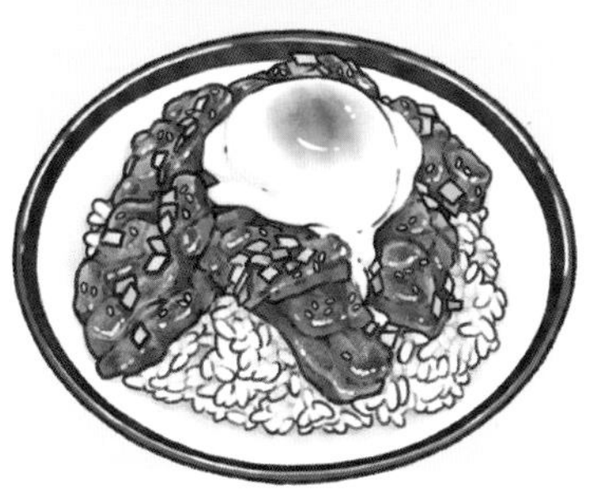

省时省力

# 西式懒人炒肉

## 材料（1人份）

- 猪肉片……150克
- 洋葱……1/2个

## 调味料

- 番茄酱……1大勺
- 伍斯特酱……1大勺
- 胡椒盐……撒2~3下的量

## 炒肉用

- 色拉油……1大勺

## 推荐配料

- 香葱
- 炒白芝麻

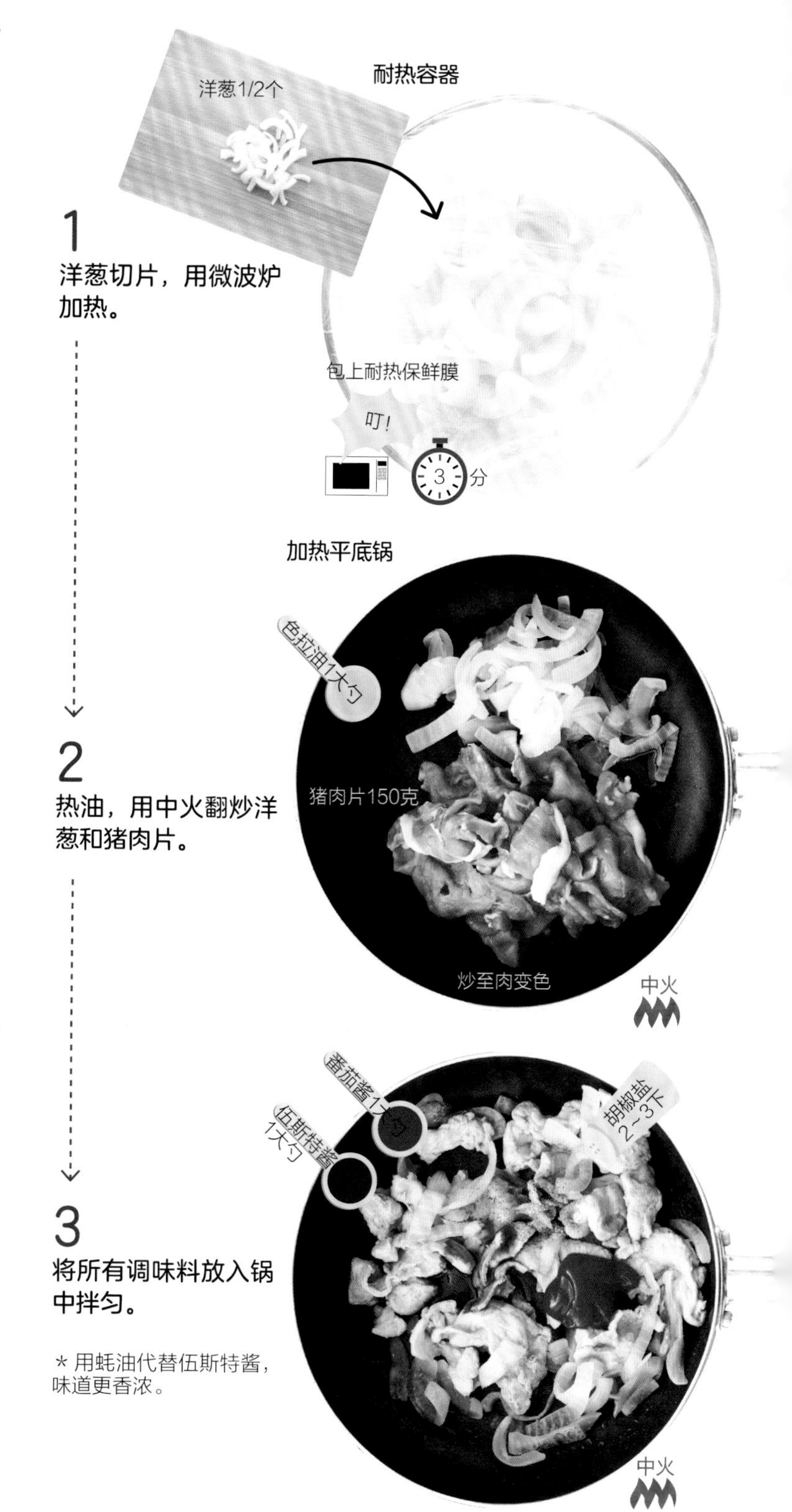


**1**

洋葱切片，用微波炉加热。

**2**

热油，用中火翻炒洋葱和猪肉片。

**3**

将所有调味料放入锅中拌匀。

＊用蚝油代替伍斯特酱，味道更香浓。

## 顺手加菜

### 酱香炒肉

没有伍斯特酱和番茄酱，可改用清酒和酱油来炒，也很美味。

正宗中式料理

# 极品口水鸡

## 材料（1～2人份）

- 鸡腿肉……1片
- 大葱……1/3根

## 酱汁

- 蒜泥……3克
- 酱油……1大勺
- 醋……1大勺
- 味醂……1小勺
- 辣椒油……1小勺

## 炒鸡肉用

- 香油……1大勺

## 推荐配料

- 番茄
- 杏仁
- 核桃
- 香葱

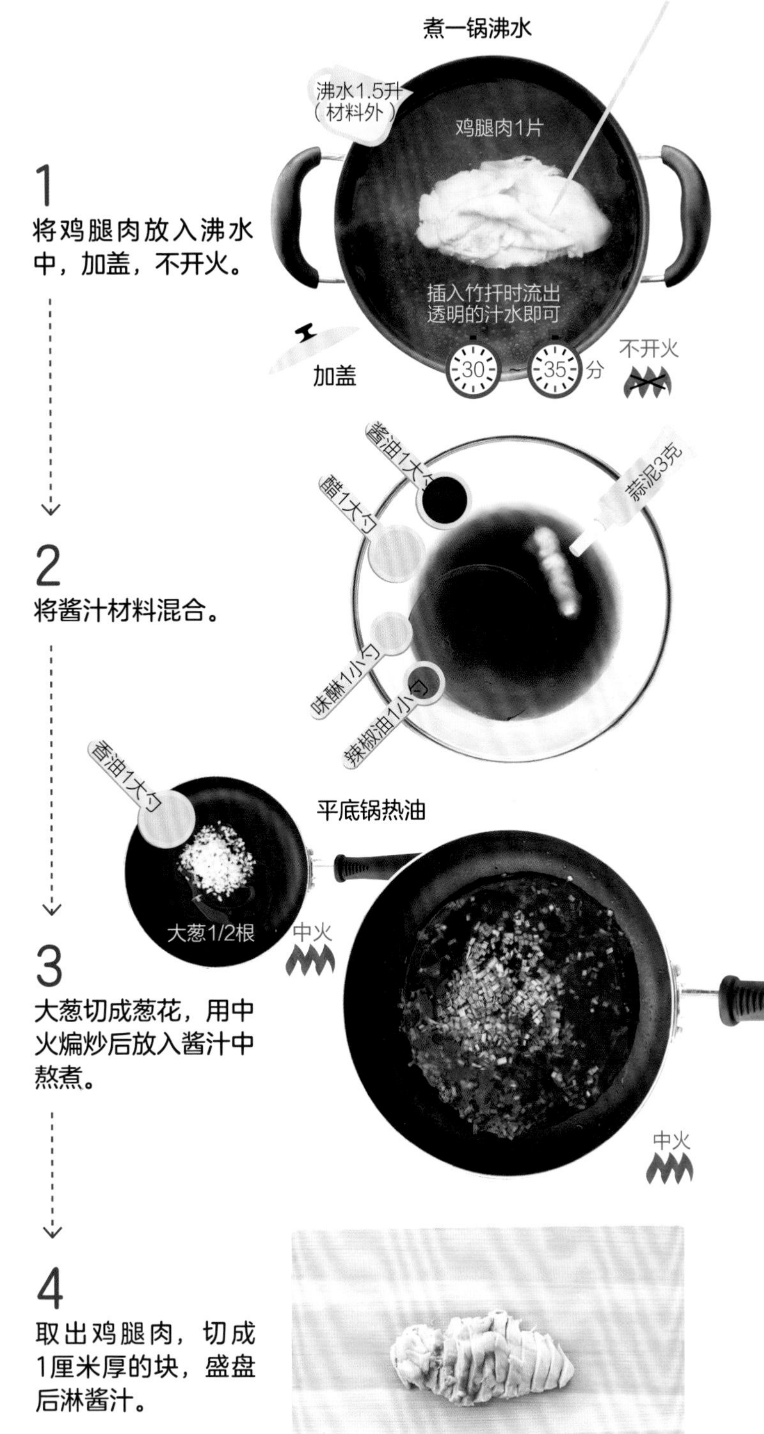


1
将鸡腿肉放入沸水中，加盖，不开火。

2
将酱汁材料混合。

3
大葱切成葱花，用中火煸炒后放入酱汁中熬煮。

4
取出鸡腿肉，切成1厘米厚的块，盛盘后淋酱汁。

## 顺手加菜
### 口水鸡沙拉

将剩余的口水鸡和酱汁一起同莴苣拌匀，就是一道微辣的口水鸡沙拉。

＊肉的厚度不同，煎制时间也不同，请根据实际情况调整加热时间。

便宜肉大变身

# 极品牛排

## 材料（1人份）

- 牛排……1片（约200克）
- 洋葱……1/2个

## 调味料

- 胡椒盐……撒6下的量
- 白砂糖……1小勺
- 蒜泥……2克
- 酱油……1大勺
- 清酒……1大勺

## 煎肉用

- 黄油……1小勺

## 推荐配料

- 日式土豆沙拉
- 甜玉米
- 欧芹

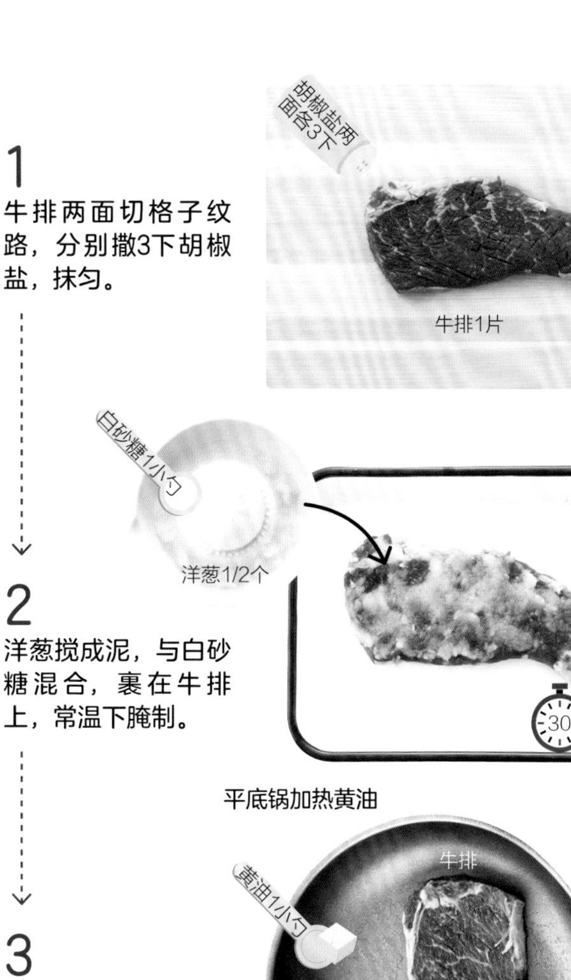


**1**
牛排两面切格子纹路，分别撒3下胡椒盐，抹匀。

**2**
洋葱搅成泥，与白砂糖混合，裹在牛排上，常温下腌制。

平底锅加热黄油

**3**
放入黄油，用大火将牛排煎至喜欢的熟度，盛盘。



同一平底锅

**4**
放入洋葱泥、蒜泥、酱油和清酒，大火煮沸，淋在牛排上。

### 顺手加菜
### 炒洋葱

将剩余的洋葱切片，与酱汁一起翻炒，当作配菜。

*用洋葱泥腌肉，可以让肉质变得柔软，洋葱泥还可以直接作为牛排酱。

—— 搭配自制白酱 ——

# 黄油炖菜

## 材料（3～4人份）

- 鸡腿肉块……200克
- 洋葱……1/4个
- 胡萝卜……1/2根
- 土豆……1个

### 调味料

- 水……400毫升
- 鸡精……2小勺
- 胡椒盐……撒3～4下的量
- 比萨用芝士……2～3撮（约20克）

## 白酱

- 黄油……25克
- 面粉……25克
- 牛奶……200毫升

## 推荐配料

- 欧芹
- 黑胡椒碎

## 顺手加菜
### 蛤蜊浓汤

在剩余的黄油炖菜中放入1大勺清酒、100毫升牛奶和蛤蜊，大火加热至酒精完全挥发，做成一道蛤蜊浓汤。

**1**

将洋葱、胡萝卜和土豆切成适口大小，和鸡腿肉块、水一起用中火炖煮。

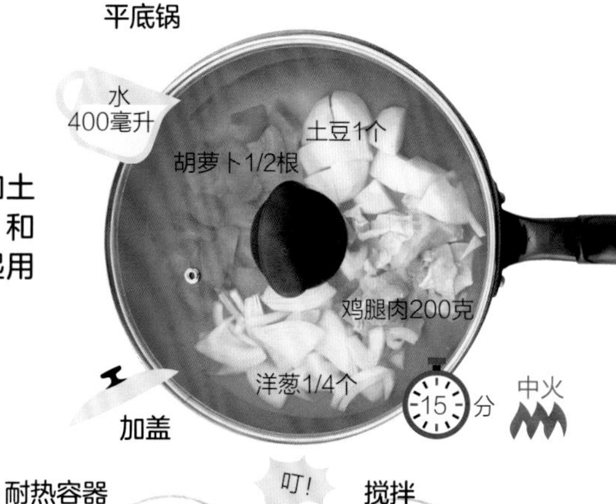


**2**

黄油和面粉混合后用微波炉加热，加入牛奶搅拌后继续加热，搅拌均匀。

**3**

将步骤2的白酱、鸡精和胡椒盐放入步骤1的材料中，边搅拌边用中小火炖煮。

**4**

转小火，放入比萨用芝士，化开即可。

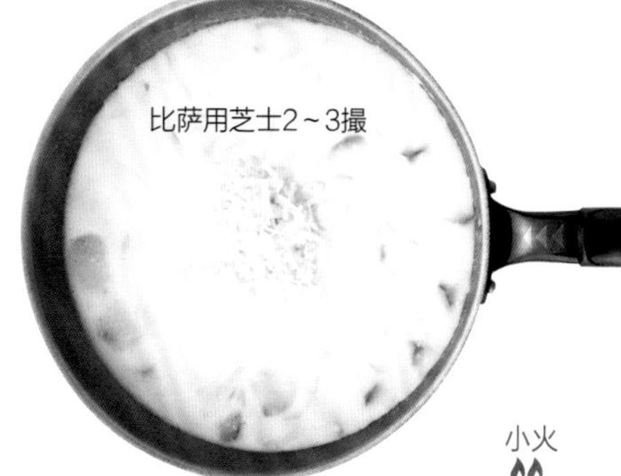

超地道

# 麻婆豆腐

## 材料（2人份）

- 猪肉馅……100克
- 木棉豆腐……1块
- 大葱……1/2根

## 调味料

- 蒜泥……3克
- 味醂……1大勺
- 味噌……2小勺
- 酱油……2小勺
- 番茄酱……2小勺
- 辣椒油……1小勺
- 日式高汤粉……1/2小勺
- 水……100毫升

## 勾芡汁

- 淀粉……2小勺
- 水……2小勺

## 炒菜用

- 香油……1小勺

## 推荐配料

- 香葱

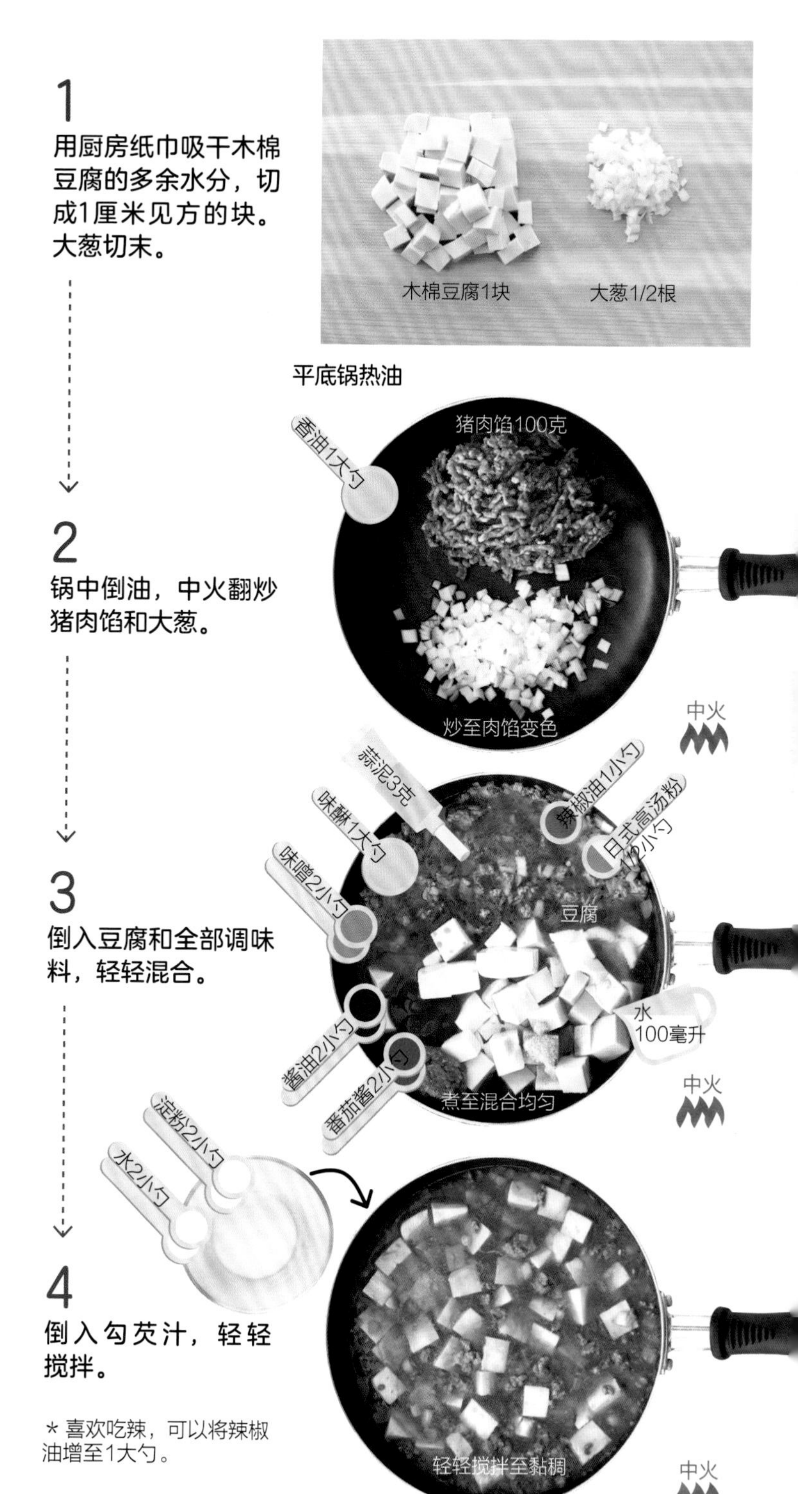


**1**

用厨房纸巾吸干木棉豆腐的多余水分，切成1厘米见方的块。大葱切末。

**2**

锅中倒油，中火翻炒猪肉馅和大葱。

**3**

倒入豆腐和全部调味料，轻轻混合。

**4**

倒入勾芡汁，轻轻搅拌。

＊喜欢吃辣，可以将辣椒油增至1大勺。

## 顺手加菜

### 麻婆炒面

将炒面煎至金黄，淋上剩余的麻婆豆腐，就是麻婆炒面。

## — 重现妈妈的味道 —

# 微波炉土豆炖肉

### 材料（1人份）

- 牛肉片……100克
- 洋葱……1/4个
- 胡萝卜……3厘米
- 土豆……1个

### 调味料

- 酱油……2大勺
- 清酒……2大勺
- 味醂……2大勺
- 白砂糖……1小勺
- 水……100毫升

1

将洋葱、胡萝卜和土豆切成适口大小。

2

将步骤1的材料与牛肉片、调味料放入耐热容器中，用微波炉加热。

### 顺手加菜
### 腌胡萝卜

将剩余的胡萝卜切丝，用微波炉加热。与醋、橄榄油和胡椒盐混合，就是一道腌菜。

## — 超解馋 —
# 软糯可口的藕饼

### 顺手加菜
**爽脆酱炒莲藕**

将莲藕切薄片，与胡椒盐和酱汁一起翻炒，十分美味。

* 拌上1：1比例的味醂和酱油，也很好吃。
* 蘸柚子醋酱油食用，味道清爽。
* 在制作时放入盐，同样美味。

### 材料（1人份）

- 莲藕……135克（约10厘米）

### 调味料

- 淀粉……2大勺

### 煎制用

- 香油……1小勺

### 推荐配料

- 酱油
- 海苔丝
- 香葱

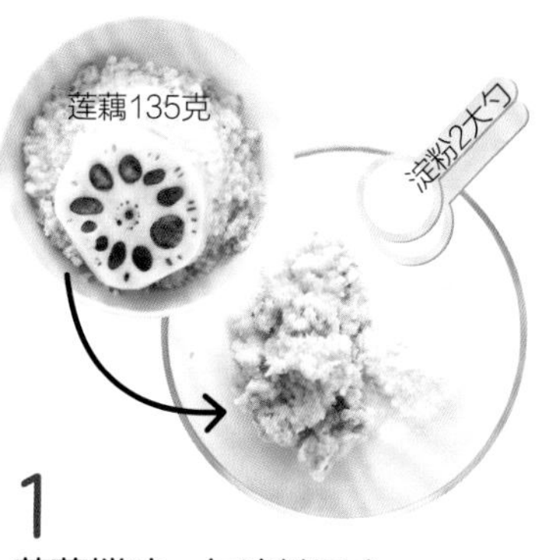


**1**
莲藕搅碎，与淀粉混合。

平底锅

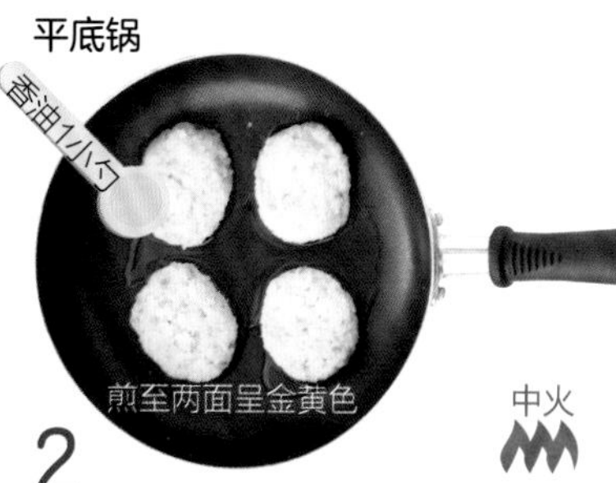


**2**
将步骤1的材料分成4等份，捏成1厘米厚的藕饼，用中火煎制两面。

## 口感酥脆

# 炸猪肝

**材料**（1人份）

- 猪肝……200克

## 调味料

- 姜泥……3克
- 酱油……1大勺
- 清酒……1小勺
- 淀粉……2大勺

## 煎炸用

- 色拉油……平底锅约1.5厘米高的量

## 推荐配料

- 细叶芹

1

将猪肝、姜泥、酱油和清酒混合后放入冰箱腌制。

2

沥干猪肝中的水分，撒淀粉。

平底锅热油
（滴入面粉后浮起来的温度）

3

热油后中火将猪肝炸至焦黄色，小火炸至熟透。

＊将猪肝片成薄片，就能炸得更加酥脆美味。

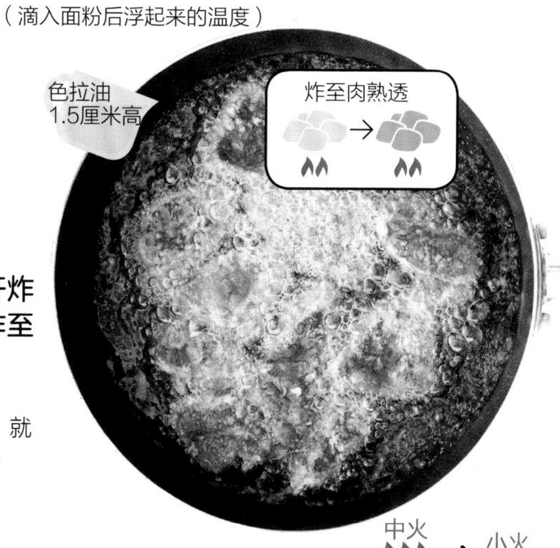


中火 → 小火

## 顺手加菜

### 辛香咖喱味炸猪肝

腌制时多加2小勺咖喱粉，就可以变身为辛香咖喱味炸猪肝。

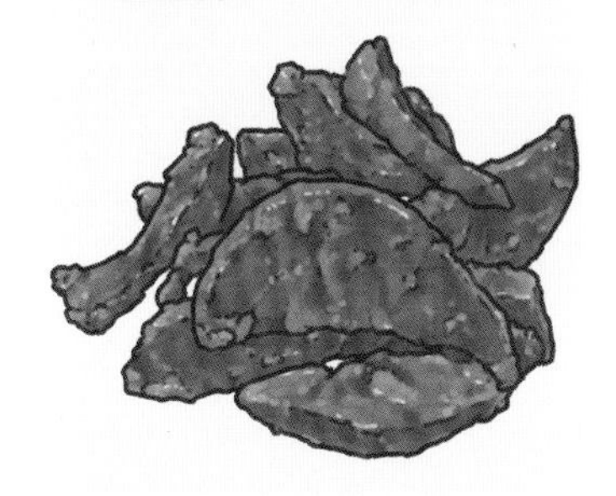

# 完美的米饭

说到能让人饱腹的料理，非饭类莫属。享用完炒饭和盖浇饭后的饱足感，令人无法抗拒。本章收集了番茄鸡肉饭、烤饭团、生鸡蛋拌饭等食谱。品相豪华，但做法简单的海鲜炖饭也收录其中。

极品美味

# 松软滑嫩的亲子盖浇饭

## 材料（1人份）

- 米饭（热）……150克（1碗）
- 鸡腿肉……60克
- 洋葱……1/4个
- 鸡蛋……2个

### 调味料

- 酱油……1大勺
- 味醂……1大勺
- 白砂糖……1小勺
- 日式高汤粉……1小勺
- 热水……50毫升

### 炒料用

- 色拉油……1大勺

### 推荐配料

- 鸭儿芹

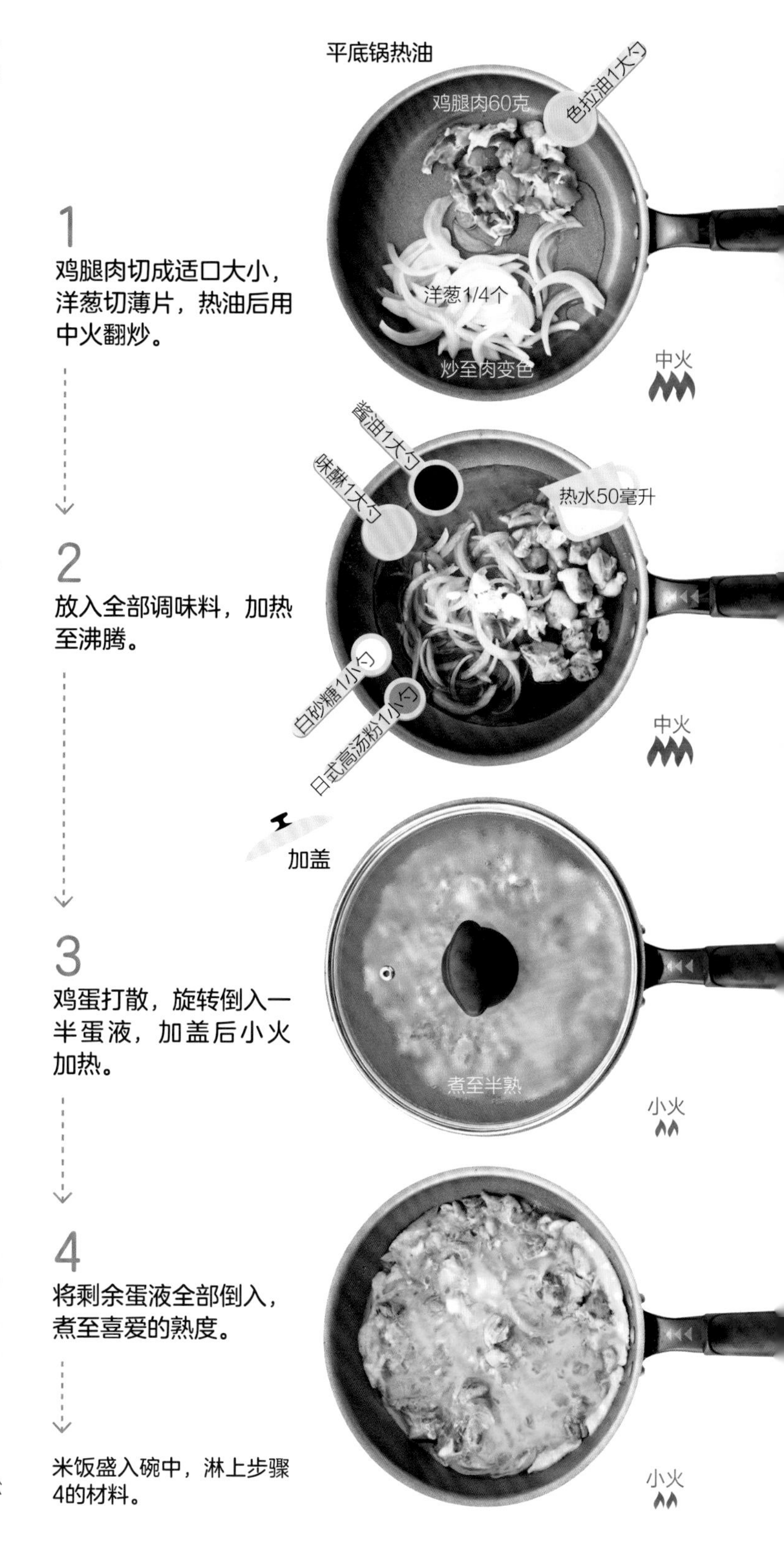


1

鸡腿肉切成适口大小，洋葱切薄片，热油后用中火翻炒。

2

放入全部调味料，加热至沸腾。

3

鸡蛋打散，旋转倒入一半蛋液，加盖后小火加热。

4

将剩余蛋液全部倒入，煮至喜爱的熟度。

米饭盛入碗中，淋上步骤4的材料。

## 顺手加菜

### 西式亲子盖浇饭

第二次放入蛋液时加入比萨用芝士，就是一道西式亲子盖浇饭。

＊鸡蛋分两次加入，就可以做出松软滑嫩的口感。

## —— 微辣的滋味令人上瘾 ——

# 辣椒炒饭

**顺手加菜**
**快手海带汤**

在200毫升热水中放入各1/2小勺海带、日式高汤粉、香油和酱油，就是一道快手中式汤品，是炒饭的好搭档。

＊用汤勺将饭压散后翻炒，可以让饭粒粒分明。

## 材料（1人份）

- 米饭（热）……200克
- 培根……20克
- 蒜……1瓣
- 红辣椒……1根
- 鸡蛋……1个

### 调味料

- 胡椒盐……撒2～3下的量

### 炒饭用

- 橄榄油……2大勺

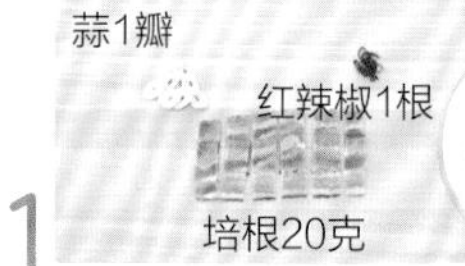


1 培根切成适口大小，蒜和红辣椒切片，鸡蛋打散。

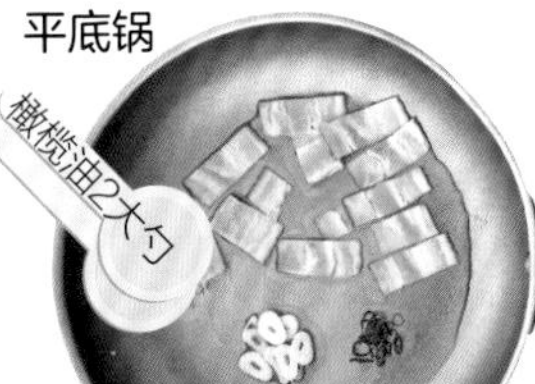


2 倒入橄榄油，用中火翻炒蒜、红辣椒和培根。

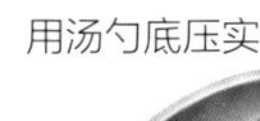

3 加入蛋液和米饭，大火翻炒，撒胡椒盐。

## — 温和的辣味令人无法拒绝 —

# 泡菜蛋黄酱炒饭

**顺手加菜**

**纳豆泡菜蛋黄酱炒饭**

炒饭时加入纳豆也很美味。

### 材料（1人份）

- 米饭（热）……200克
- 猪肉片……70克
- 泡菜……50克
- 鸡蛋……1个

### 调味料

- 蛋黄酱……1大勺

### 炒菜用

- 香油……2大勺

鸡蛋1个

1 鸡蛋打散。

2 热锅倒油，中火翻炒猪肉片、泡菜和蛋黄酱。

3 加入蛋液和米饭，用汤勺轻轻压散，大火翻炒。

—— 令人怀念的滋味 ——

# 番茄鸡肉饭

## 材料（1人份）

- 米饭（热）……200克（1大碗）
- 鸡腿肉……70克
- 洋葱……1/4个
- 鸡蛋……1个

### 调味料

- 番茄酱……3大勺
- 清酒……1大勺
- 醋……1小勺
- 酱油……1/2小勺

### 炒饭煎蛋用

- 色拉油……1大勺+1小勺

### 推荐配料

- 熟菜花
- 小番茄
- 香芹

**1**
将调味料用微波炉加热1分钟后拌匀。

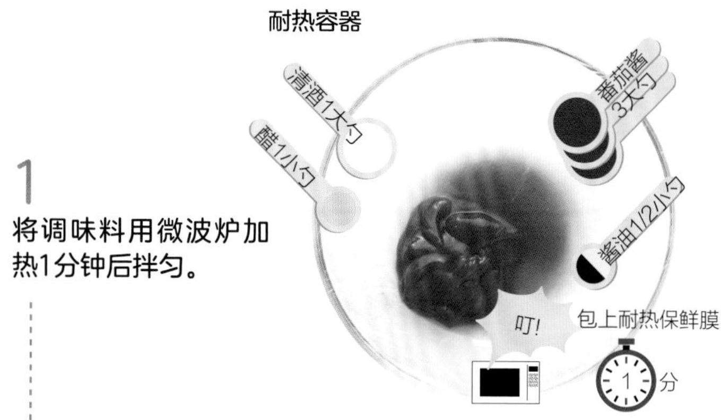


**2**
鸡腿肉切成适口大小，洋葱切薄片，热油后中火翻炒。



**3**
关火，放入米饭和调味料，迅速拌匀后盛出。

**4**
热油，用中小火煎荷包蛋，放在炒饭上。

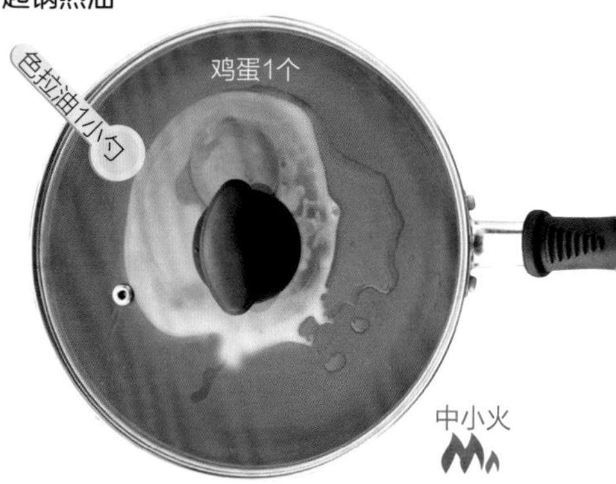


## 顺手加菜

### 咖喱炒饭

将调味料换成1小勺咖喱粉、1小勺鸡精，撒2下胡椒盐，做成咖喱炒饭。

## — 居酒屋海鲜风味 —

# 竹荚鱼碎肉盖浇饭

### 顺手加菜
### 竹荚鱼茶泡饭

将1/2小勺日式高汤粉和150毫升水煮沸后淋在饭上，就是一道竹荚鱼茶泡饭。

**材料**（1人份）

- 米饭……150克（1碗）
- 竹荚鱼（刺身用）……2片（85~90克）
- 大葱……3厘米

**调味料**

- 姜泥……3克
- 味噌……1大勺
- 酱油……2~3滴

**推荐配料**

- 香葱
- 炒白芝麻

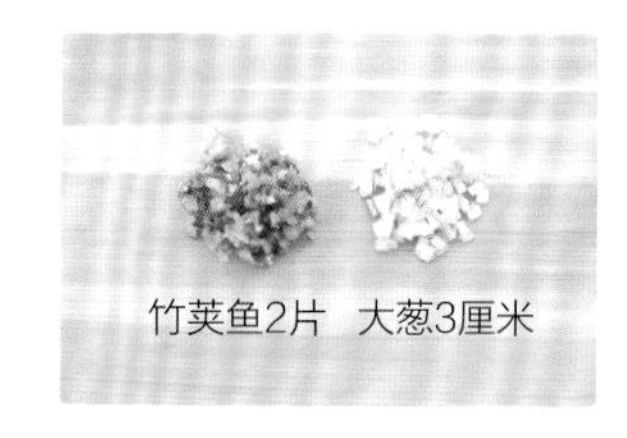


1

将竹荚鱼用刀剁碎，大葱切末。

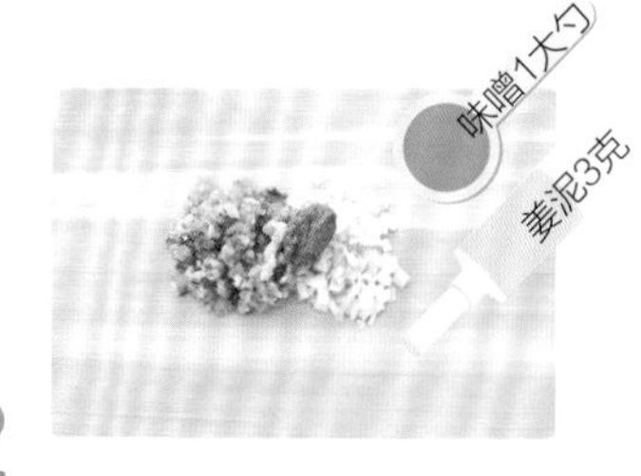


2

加入姜泥、味噌，搅匀。

3

将米饭盛入容器，放上步骤2的材料，淋酱油。

## — 酱料特别讲究 —
# 腌鲔鱼盖浇饭

### 顺手加菜
**腌鲔鱼排**

将剩下的鲔鱼用香油稍煎，做成腌鲔鱼排。

## 材料（1人份）

- 米饭……150克（1碗）
- 鲔鱼（刺身用）……1盒（约90克）

## 调味料

- 味醂……1大勺
- 清酒……1大勺
- 酱油……2大勺

## 推荐配料

- 葱白丝
- 海苔丝
- 芥末

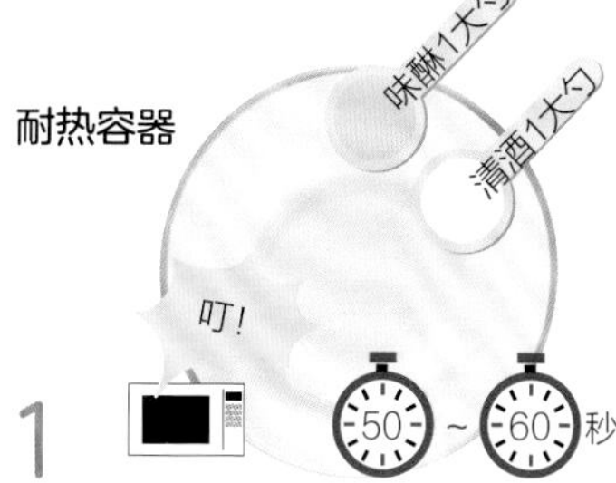


**1**

将味醂和清酒用微波炉加热50～60秒。

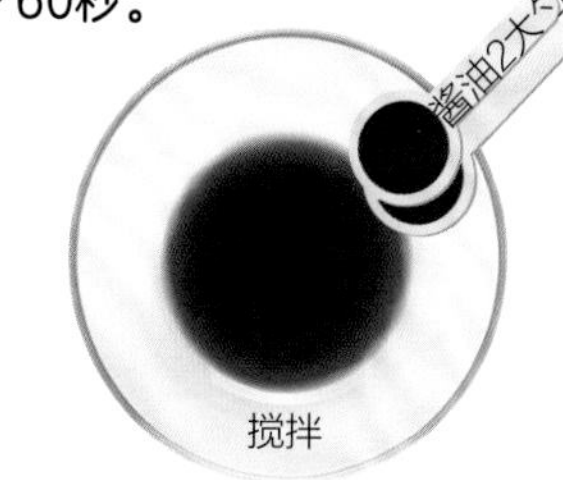


**2**

边搅拌边加入酱油，放凉。

**3**

放入鲔鱼，均匀裹上酱汁。

米饭盛入碗中，放上步骤3的材料，淋少许酱汁。

— 鲜味十足 —

# 地道吻仔鱼盖浇饭

## 顺手加菜
### 吻仔鱼吐司

将剩余吻仔鱼放在吐司上，淋蛋黄酱后烤制。

## 材料（1人份）

- 米饭……100克（1碗）
- 吻仔鱼……30克

## 调味料

- 香油……1/2小勺
- 酱油……2~3滴

## 推荐配料

- 香葱
- 海苔丝

1
将米饭盛入容器中，放上吻仔鱼。

2
均匀地淋上香油和酱油。

## — 滋味无穷 —
# 烤饭团

### 材料（1人份）

- 米饭……200克（1大碗）

### 调味料

- 酱油……$1\frac{1}{2}$大勺
- 味醂……1小勺
- 香油……1小勺
- 日式高汤粉……1/2小勺

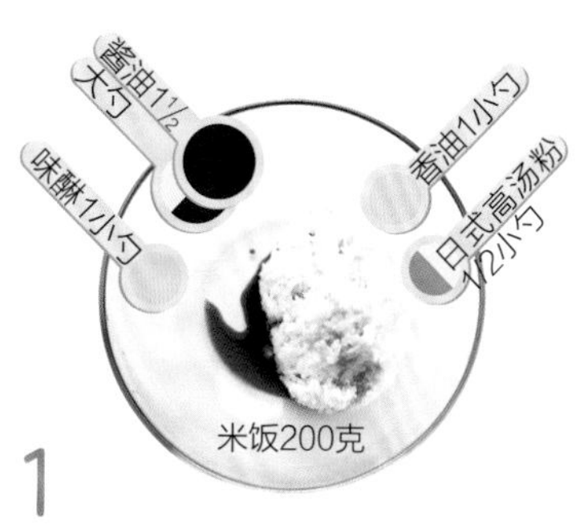


1 将所有材料拌匀。

平底不粘锅

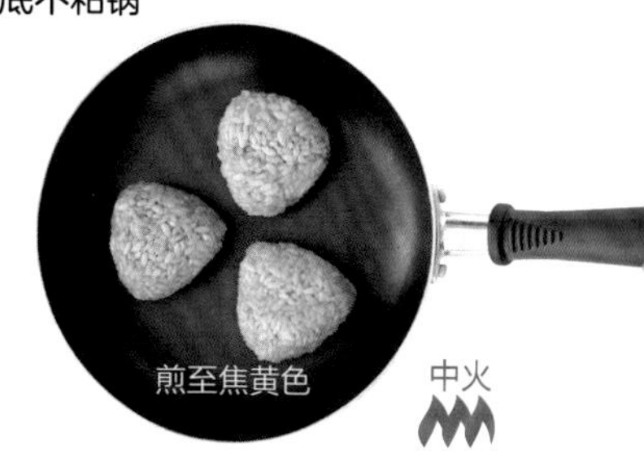


2 捏成饭团，用中火煎制两面。

* 煎时不放油。

## 顺手加菜
### 高汤茶泡饭

在烤饭团上放盐昆布和芥末，淋上热水，就变成一道高汤茶泡饭。

浓缩海鲜的美味

# 地中海海鲜炖饭

**材料**（3~4人份）

- 大米……2杯（360克）
- 洋葱……1/2个
- 蛤蜊……150克
- 虾……7只

**调味料**

- 清酒……300毫升
- 鸡精……1小勺
- 咖喱粉……1小勺
- 胡椒盐……撒3下的量
- 水……200毫升

**炒料用**

- 橄榄油……1大勺

1

洋葱切薄片，用橄榄油中火翻炒。

2

放入大米、蛤蜊、虾和所有调味料，加盖，炖煮10分钟。

3

小火加热10分钟，关火后闷5分钟。

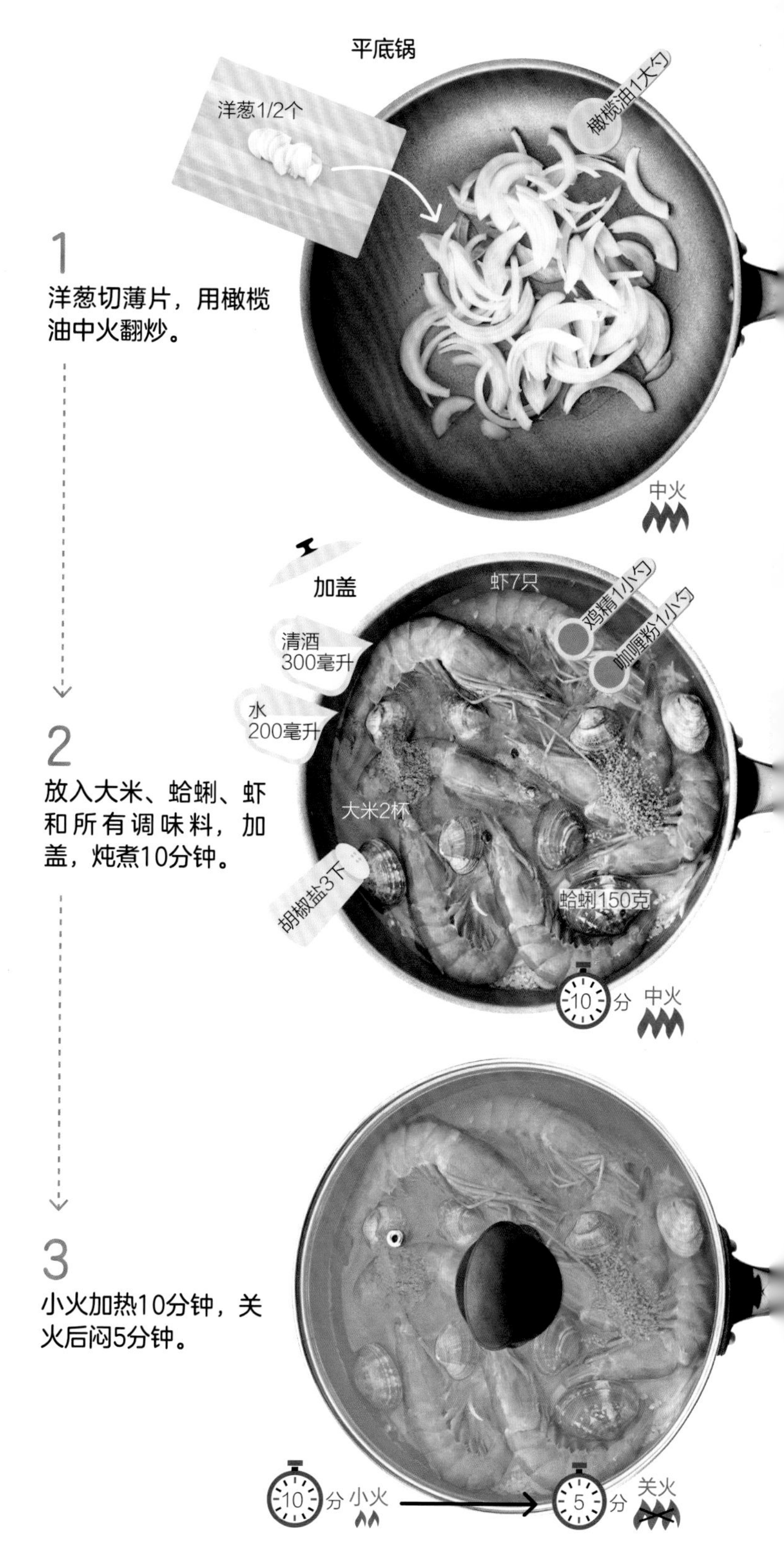


## 顺手加菜
## 海鲜白酱焗饭

在剩余的海鲜炖饭上放入芝士，用烤箱烤上色，就是一道海鲜白酱焗饭。

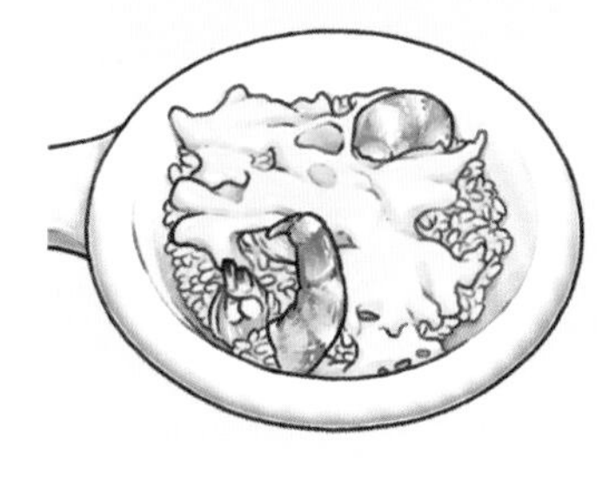

＊大米无须淘洗。
＊咖喱粉只用了1小勺，是为了增添西班牙海鲜炖饭的鲜艳黄色，而不是为了调味。

— 分量十足 —

# 五花肉蛋黄盖浇饭

## 材料

- 米饭（热）……150克（1碗）
- 猪五花肉……100克
- 洋葱……1/2个
- 蛋黄……1个

### 调味料

- 姜泥……2克
- 酱油……1大勺
- 清酒……1大勺
- 味醂……1大勺
- 白砂糖……1小勺

### 炒菜用

- 色拉油……1大勺

### 推荐配料

- 香葱

1

将猪五花肉切成适口大小，洋葱切薄片。

2

热油，中火翻炒猪五花肉和洋葱。

3

加入全部调味料拌匀，煮沸。

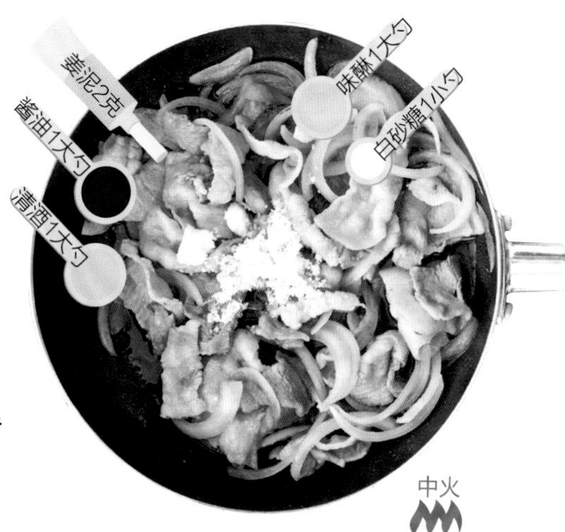


米饭盛入碗中，放上步骤3的材料和蛋黄。

## 顺手加菜

### 味噌汤

利用剩余的洋葱和猪五花肉制作味噌汤（加1杯水、1/2小勺日式高汤粉和2小勺味噌），就是一顿搭配味噌汤的五花肉蛋黄盖浇饭套餐。

特别的味道

# 创新生鸡蛋拌饭

**材料**（1人份）

- 米饭（热）……150克（1碗）
- 无菌鸡蛋……1个

**调味料**

- 酱油……1小勺
- 白砂糖……1/2小勺
- 日式高汤粉……1小勺

无菌鸡蛋1个

## 1

将蛋黄和蛋清分离。

酱油1小勺

白砂糖1/2小勺

日式高汤粉1小勺

## 2

将所有调味料放入蛋清中。

用筷子

## 3

用筷子大力搅拌1分30秒。

将米饭盛入碗中，倒入步骤3的材料和蛋黄，食用时将蛋黄刺破。

1分30秒

### 顺手加菜
### 煎鸡蛋拌饭

将剩余的生鸡蛋拌饭搅拌至凝固，平底锅将黄油化开，将饭铺在锅中煎制，非常美味。

＊这是蛋白霜生鸡蛋拌饭的改良版。
＊蛋白霜生鸡蛋拌饭分量十足，饱腹感很强。作者调整了分量和调味，有时候一天会用50个鸡蛋试验，这道料理可以说是潜心钻研出的美味。

# 信手拈来的极品料理

除了饭类和面食，还有很多美味与分量兼具的料理。本章将介绍比萨、三明治这些作为轻食也很棒的料理。御好烧、韩式煎饼等加入了创意，只需花一点功夫，就可以提升美味。推荐在聚会时享用。

口感弹性十足

# 山药御好烧

**材料**（1人份）

- 山药……1/6根（70克）

**调味料**

- 面粉……75克
- 水……75毫升
- 御好烧酱……$1\frac{1}{2}$大勺
- 蛋黄酱……1大勺
- 海苔……1大勺

**炒菜用**

- 色拉油……1/2大勺

**推荐配料**

- 木鱼花

1

将山药磨成泥。

山药1/6根

2

将山药、面粉和水放入容器中，搅拌至没有结块。

水75毫升

面粉75克

平底锅热油（冒热气的温度）

3

热油，中火将面糊煎至焦黄色。

色拉油1/2大勺

煎至焦黄色 4分 中火

4

翻面，小火煎另一面。

盛盘后依次放入御好烧酱、蛋黄酱和海苔。

约5分 小火

## 顺手加菜

### 居酒屋芥末山药

将剩余的山药切条，拌上芥末酱油，非常美味。

* 平底锅如果足够大，可以摊成一大片，但不容易翻面，也可以分成两次煎。
* 加入山药，可以让面糊的口感更有弹性，吃起来和餐厅里一样。

平底锅就能做

# 章鱼御好烧

## 材料（1～2人份）

- 章鱼……30克
- 鸡蛋……1个

### 调味料

- 面粉……60克
- 蘸面汁……1大勺
- 水……200毫升

### 煎制用

- 色拉油……1大勺

### 推荐配料

- 木鱼花
- 海苔
- 红姜
- 蛋黄酱

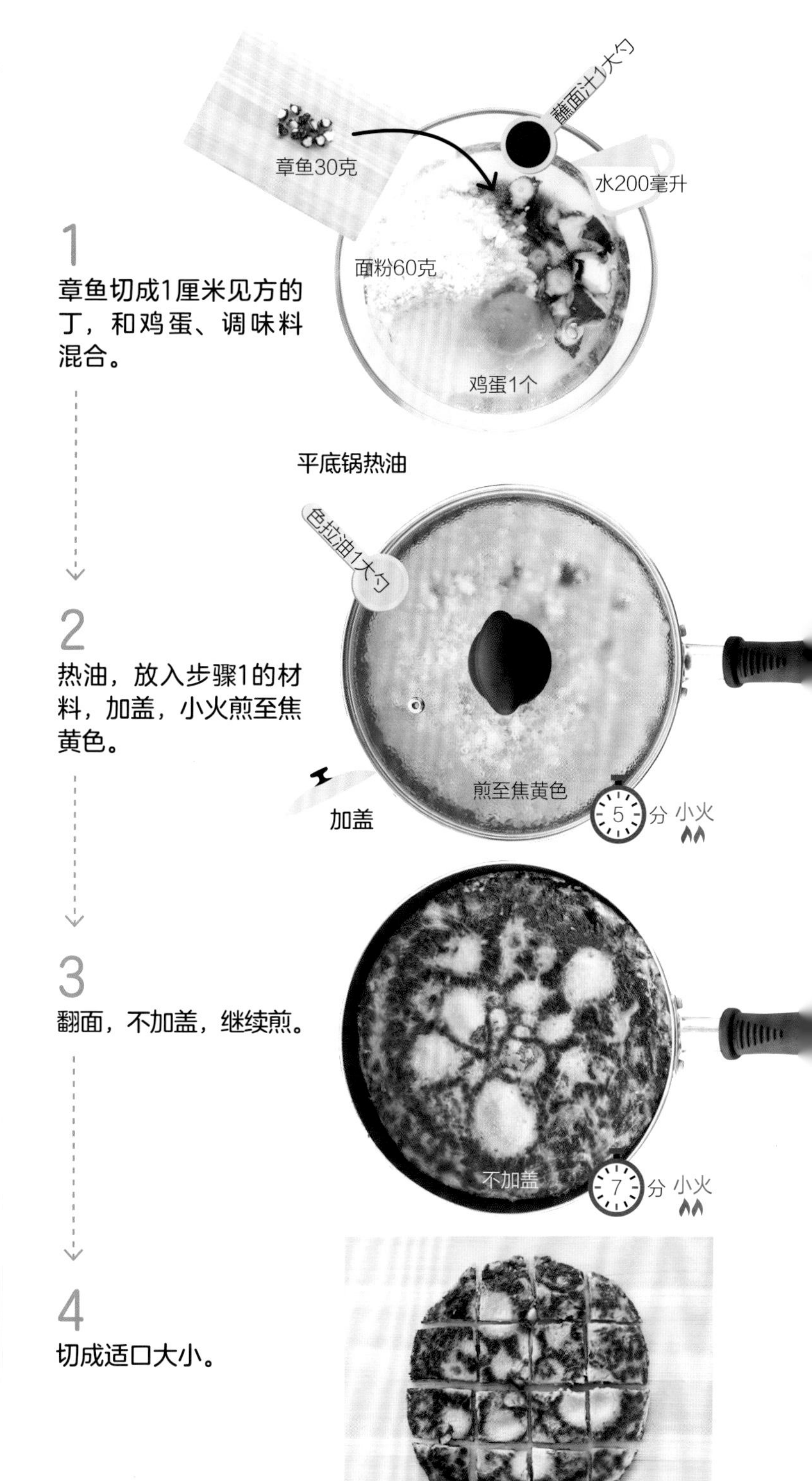


1
章鱼切成1厘米见方的丁，和鸡蛋、调味料混合。

2
热油，放入步骤1的材料，加盖，小火煎至焦黄色。

3
翻面，不加盖，继续煎。

4
切成适口大小。

## 顺手加菜
### 高汤明石烧

将1/2小勺日式高汤粉和150毫升水煮沸后淋在上面，就是一道明石烧（日本明石市的乡土料理，类似章鱼烧）。

＊翻面时用盘子盖住锅，整个翻过来，再让盘子上的面糊滑回锅中，即可轻松翻面。
＊用牙签插着吃，更像章鱼烧。

## 芝士越多越美味

# 蜂蜜比萨

## 面团材料（1张）

- 高筋面粉……150克+1~3大勺（薄面）
- 橄榄油……1大勺
- 白砂糖……1小勺
- 牛奶……80毫升

## 煎制用

- 橄榄油……1大勺

## 材料

- 比萨用芝士……想吃的量（约40克）
- 蜂蜜……想吃的量（约20克）

## 推荐配料

- 核桃仁
- 黑胡椒碎
- 香芹

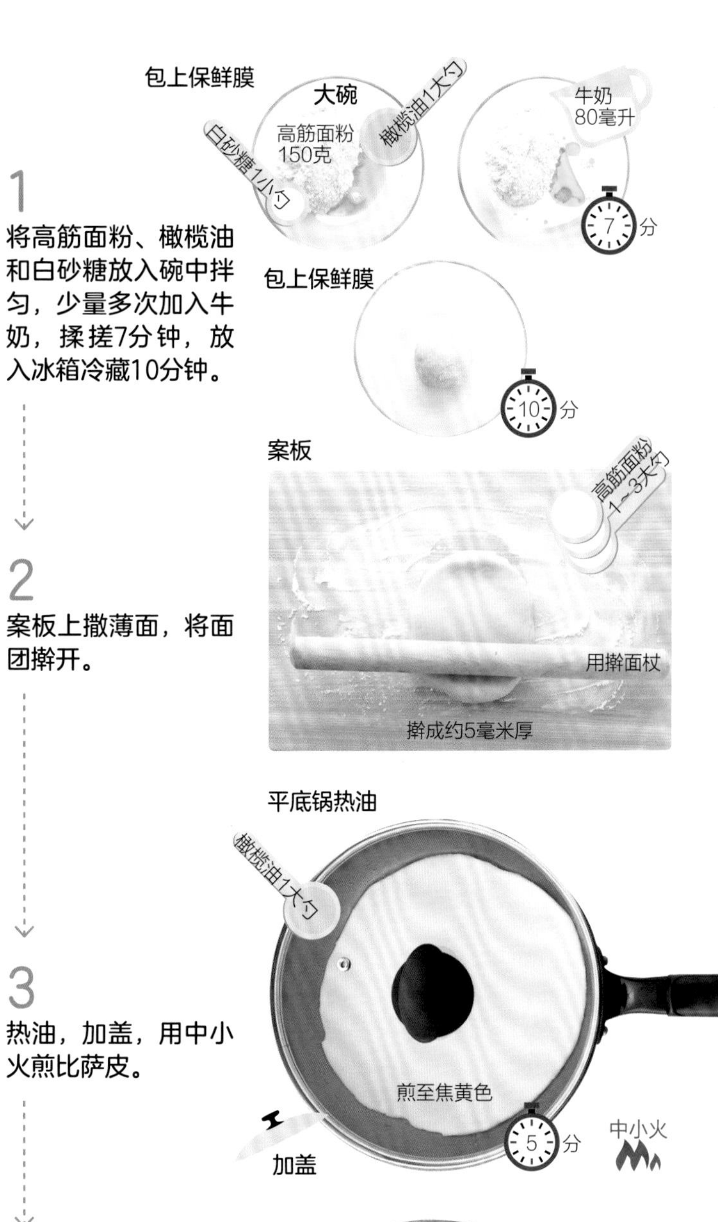


1
将高筋面粉、橄榄油和白砂糖放入碗中拌匀，少量多次加入牛奶，揉搓7分钟，放入冰箱冷藏10分钟。

2
案板上撒薄面，将面团擀开。

3
热油，加盖，用中小火煎比萨皮。

4
翻面，放上比萨用芝士，小火煎。

盛盘后淋上蜂蜜。

## 顺手加菜
### 蛋黄酱玉米比萨

用蛋黄酱和玉米粒代替蜂蜜，也很美味。

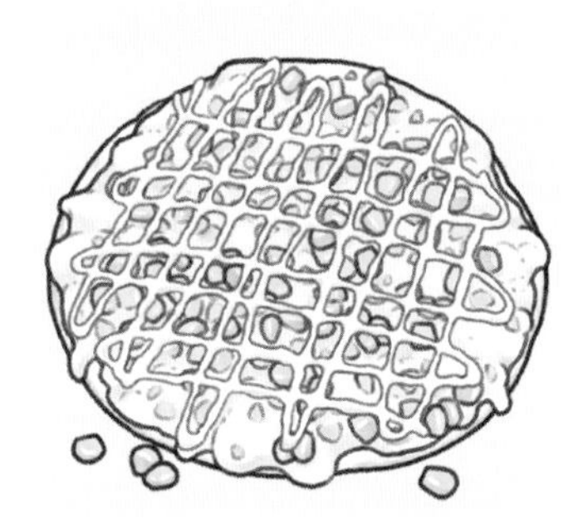

＊本食谱中的面团用牛奶制作，口感更松软。

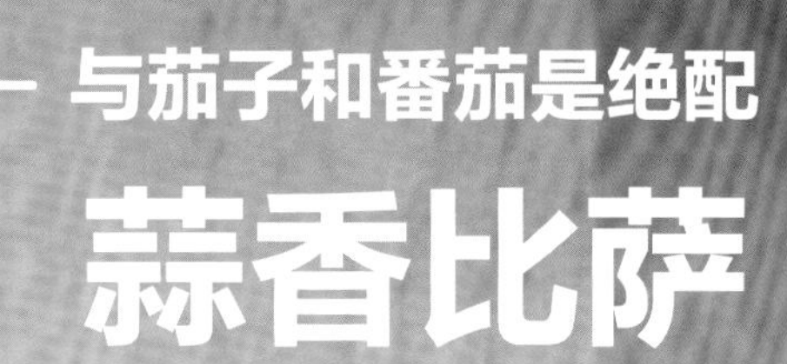

—— 与茄子和番茄是绝配 ——

# 蒜香比萨

## 面团材料（1张）

- 高筋面粉……150克+1~3大勺（薄面）
- 橄榄油……1大勺
- 白砂糖……1小勺
- 牛奶……80毫升

### 煎制用

- 橄榄油……1大勺

## 材料

- 番茄……1个
- 茄子……1小根
- 比萨用芝士……想吃的量（约60克）

### 比萨酱

- 蒜泥……3克
- 番茄酱……2大勺

### 煎制用

- 橄榄油……1大勺

### 推荐配料

- 芝士粉
- 罗勒
- 干燥香芹

## 顺手加菜
### 日式照烧茄子比萨

用酱油和味醂炒茄子，用蛋黄酱和海苔代替比萨酱，就是一道照烧比萨。

包上保鲜膜

大碗

高筋面粉150克

橄榄油1大勺

白砂糖1小勺

牛奶80毫升

7分

**1**

将高筋面粉、橄榄油和白砂糖放入碗中拌匀，少量多次加入牛奶，揉搓7分钟，放入冰箱冷藏10分钟。

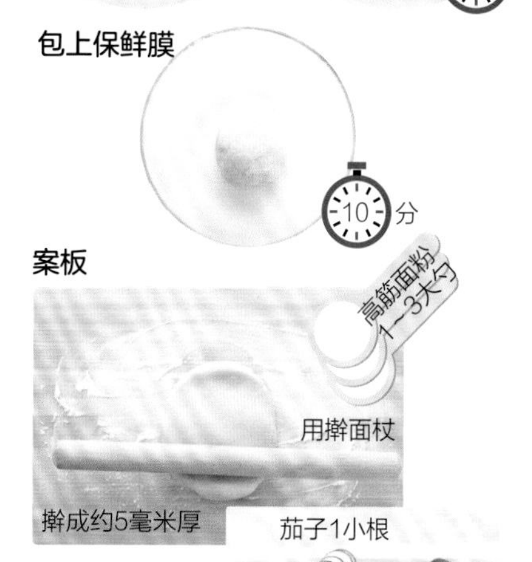


**2**

案板上撒薄面，将面团擀开。茄子和番茄切片，茄子用油煎。

番茄1个

平底锅热油

橄榄油1大勺

**3**

热油，加盖，中小火煎比萨皮。

5分

煎至焦黄色

加盖

中小火

**4**

翻面，依次放入比萨酱、比萨用芝士、番茄、茄子，小火煎烤。

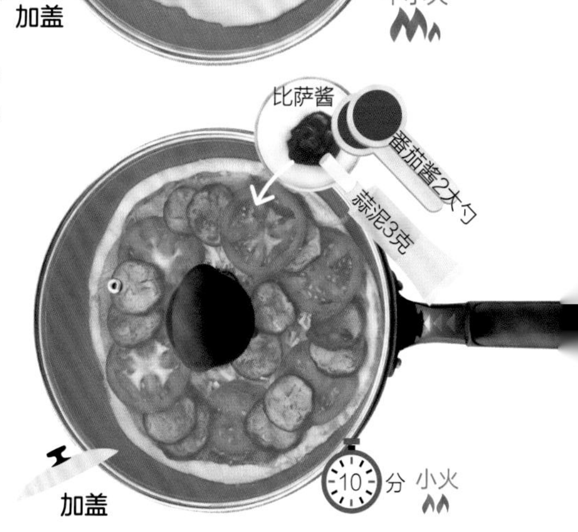


*番茄酱加蒜泥，即可轻松做出美味的比萨酱。如果加入鳀鱼，味道会更加鲜美。

香脆美味

# 韩式韭菜煎饼

## 材料

- 韭菜……1/2把
- 胡萝卜……1/4根

### 调味料

- 水……1大勺+200毫升
- 面粉……100克
- 淀粉……3大勺
- 日式高汤粉……1小勺

### 煎制用

- 香油……1大勺

### 酱料

- 柚子醋酱油……1大勺
- 香油……1小勺
- 辣椒油……2~3滴

### 推荐配料

- 炒白芝麻

## 顺手加菜
### 烤韭菜

将剩余的韭菜用铝箔纸包裹起来，用平底锅煎烤，淋酱油，相当美味。

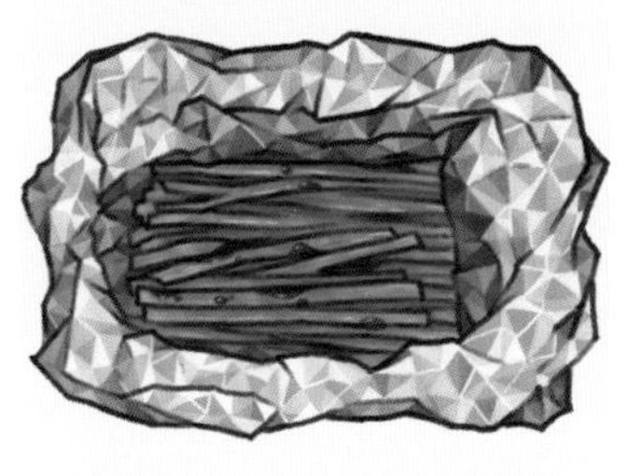

＊面糊中加入高汤粉，可以增添清淡的滋味。
＊酱料只用柚子醋酱油，也十分清爽美味。

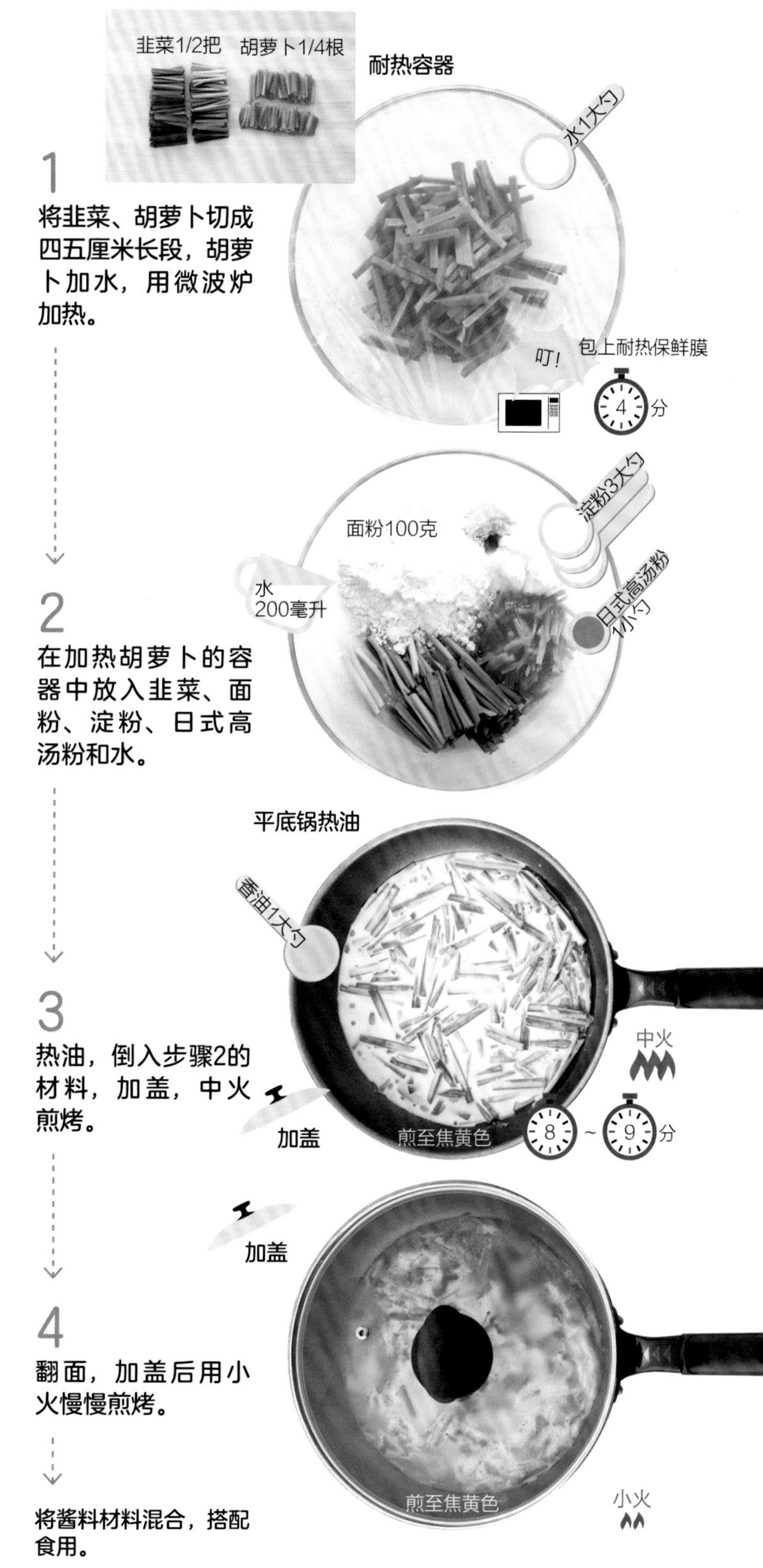


1

将韭菜、胡萝卜切成四五厘米长段，胡萝卜加水，用微波炉加热。

2

在加热胡萝卜的容器中放入韭菜、面粉、淀粉、日式高汤粉和水。

3

热油，倒入步骤2的材料，加盖，中火煎烤。

4

翻面，加盖后用小火慢慢煎烤。

将酱料材料混合，搭配食用。

松软可口

# 煎蛋三明治

## 材料

- 吐司（约1.5厘米厚）……2片
- 鸡蛋……2个

### 调味料

- 蛋黄酱……2大勺
- 番茄酱……1小勺

### 煎蛋用

- 色拉油……1小勺

### 推荐配料

- 黑胡椒碎
- 香芹

1
将蛋黄酱和番茄酱混合。

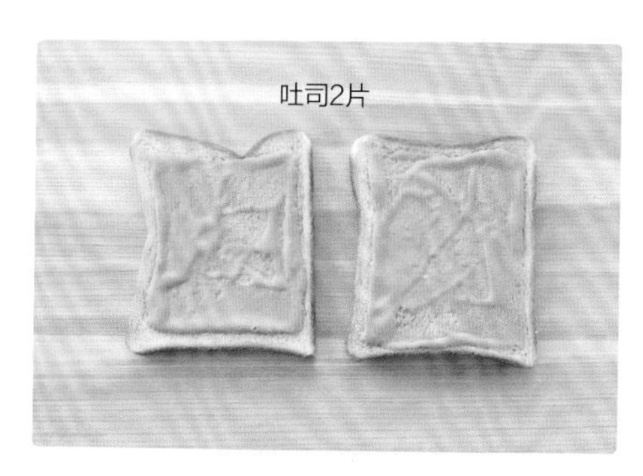


2
将酱料涂抹在吐司上。

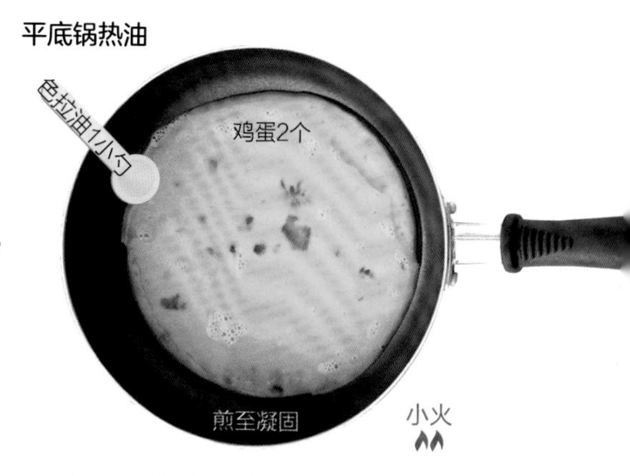


3
鸡蛋打散，倒油，小火煎制两面。

4
将煎蛋夹在吐司中间，用重物压住，切成适口大小。

## 顺手加菜

### 煎蛋热三明治

将吐司略烤，做成热三明治。

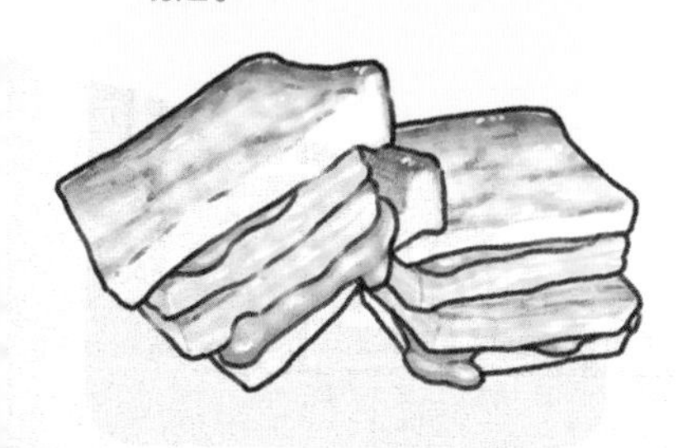

—— 滋味浓郁 ——

## 蛋黄酱蛋吐司

### 材料

- 吐司（约1.5厘米厚）……1片
- 鸡蛋……1个

### 调味料

- 蛋黄酱……1大勺

—— 满满的芝士 ——

## 比萨吐司

### 材料

- 吐司（约1.5厘米厚）……1片
- 洋葱……1/8个
- 圣女果……2个

### 调味料

- 蒜泥……2克
- 番茄酱……1大勺
- 胡椒盐……撒2下的量
- 比萨用芝士……想吃的量（约20克）

### 推荐配料

- 香芹

## 蛋黄酱蛋吐司

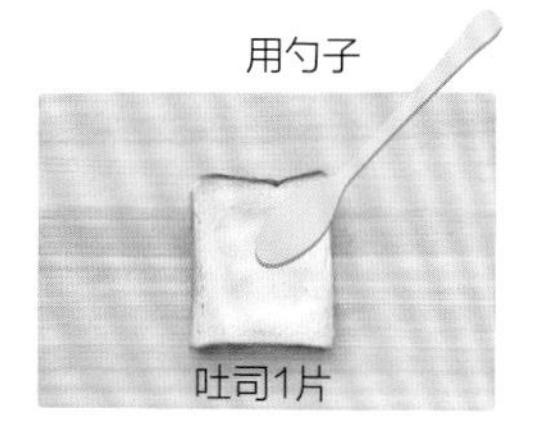


1

用勺子将吐司中间压凹。

2

抹上蛋黄酱。

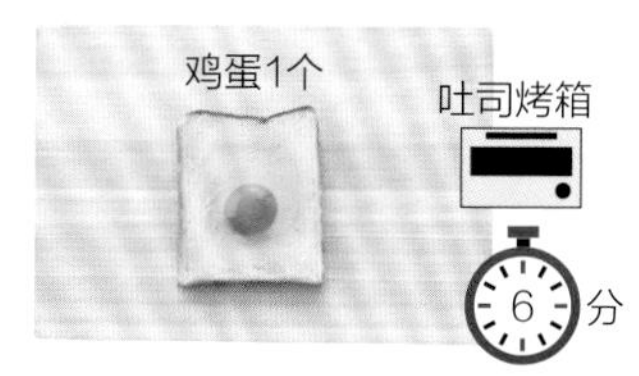


3

将鸡蛋打入吐司凹陷处，用吐司烤箱烤6分钟。

＊蛋黄破碎也没关系，放入烤箱烤，凝固的蛋黄同样美味。

## 比萨吐司

1

洋葱切末，圣女果切小块。

2

将步骤1的材料、蒜泥、番茄酱和胡椒盐混合。

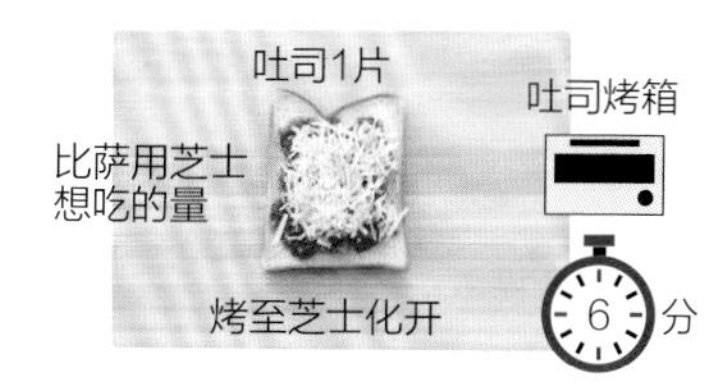


3

将步骤2的材料和比萨用芝士放在吐司上，用吐司烤箱烘烤。

＊轻松做出美味的比萨酱。

### 顺手加菜
### 芝士面包碎

将剩余吐司撕碎，和150毫升牛奶、1/2小勺鸡精一起放入容器中，撒上芝士，淋蛋黄酱，放入烤箱烤至金黄色。

### 顺手加菜
### 简易日式洋葱沙拉

将剩余洋葱切薄片后泡水，沥干水分后拌入1大勺蛋黄酱、木鱼花和1小勺酱油，做成洋葱沙拉。

# 美味的咖喱

不论是印度肉馅咖喱还是汤咖喱，其实都非常简单。不需要特别的香料，也没有复杂的步骤。本章将介绍完全用随手可得的材料制作的四种咖喱。

## —— 无与伦比的美味 ——

# 和风印度肉馅咖喱

## 材料（2~3人份）

- 猪肉馅……100克
- 咖喱块……2块
- 洋葱……1/2个
- 胡萝卜……1/2根
- 蒜……1瓣
- 姜……1块

### 调味料

- 水……1大勺+200毫升
- 蘸面汁……1大勺
- 胡椒盐……1小勺

### 炒料用

- 色拉油……1大勺

### 推荐配料

- 米饭
- 蛋黄
- 香芹

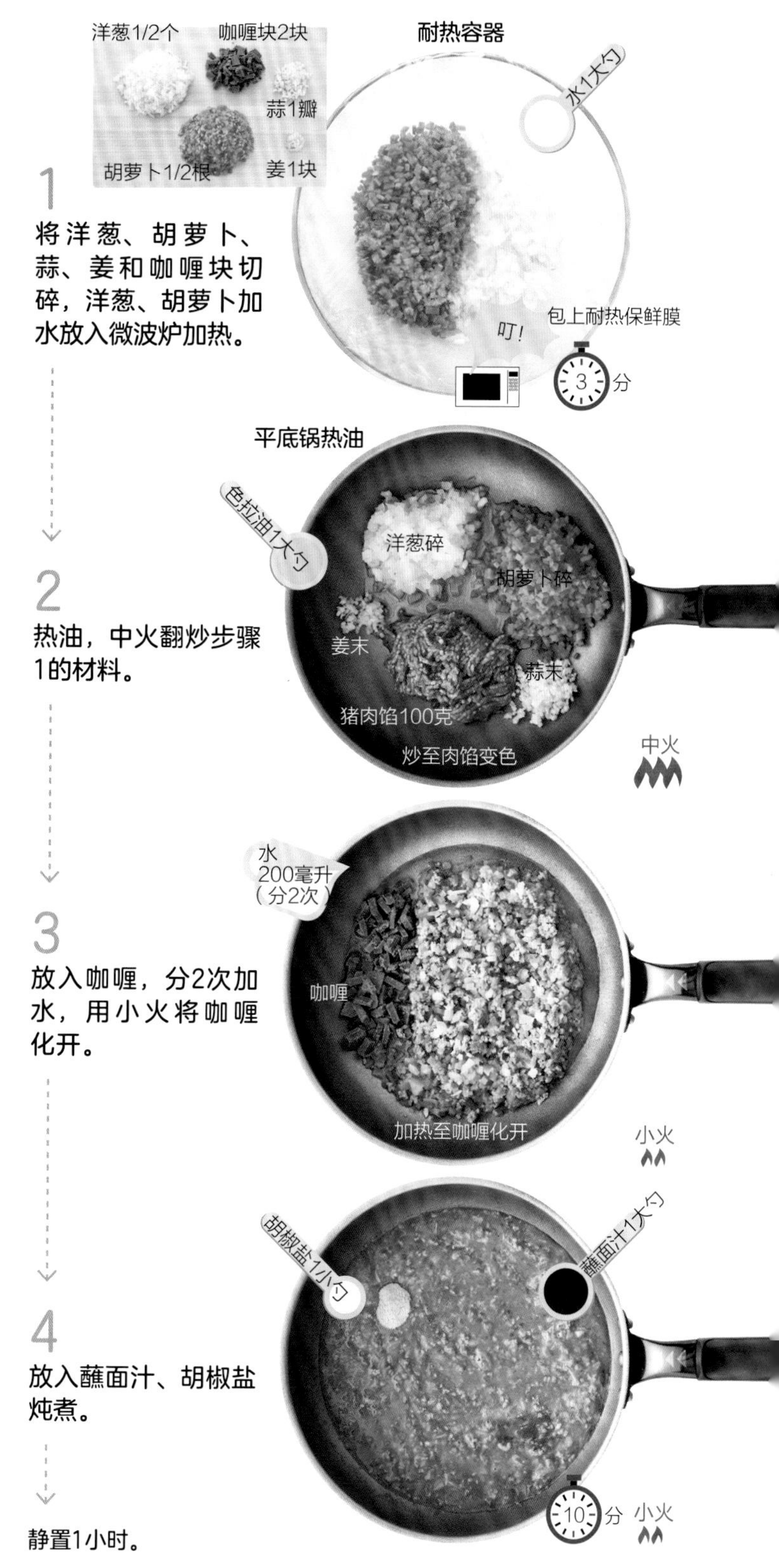


1

将洋葱、胡萝卜、蒜、姜和咖喱块切碎，洋葱、胡萝卜加水放入微波炉加热。

2

热油，中火翻炒步骤1的材料。

3

放入咖喱，分2次加水，用小火将咖喱化开。

4

放入蘸面汁、胡椒盐炖煮。

静置1小时。

## 顺手加菜
### 肉馅咖喱意大利面

将剩余的肉馅咖喱与意大利面及番茄酱混合，就是一道美味的肉馅咖喱意大利面。

＊咖喱块用中辣口味。本食谱的味道为中辣，可以依个人口味调整。

超经典

# 汤咖喱

## 材料（2~3人份）

- 鸡翅……5根
- 洋葱……1/2个
- 胡萝卜……1根
- 土豆……1个

### 调味料

- 水……1大勺+600毫升
- 咖喱块……1块
- 蒜泥……5~6克
- 咖喱粉……1大勺
- 番茄酱……1小勺
- 鸡精……1小勺

### 炒料用

- 黄油……1大勺

### 推荐配料

- 米饭
- 溏心蛋
- 茄子（切成适当大小后油煎）

## 顺手加菜
### 咖喱炖饭

将米饭和芝士放入汤咖喱中一起煮，就成为一道咖喱炖饭。

1 洋葱切碎，加水后用微波炉加热。胡萝卜、土豆切成适口大小。

2 加热黄油，放入咖喱块、蒜泥、咖喱粉、番茄酱和洋葱，小火翻炒。

3 放入鸡翅、胡萝卜、土豆、鸡精和水，中火煮沸。

4 小火炖煮15分钟。

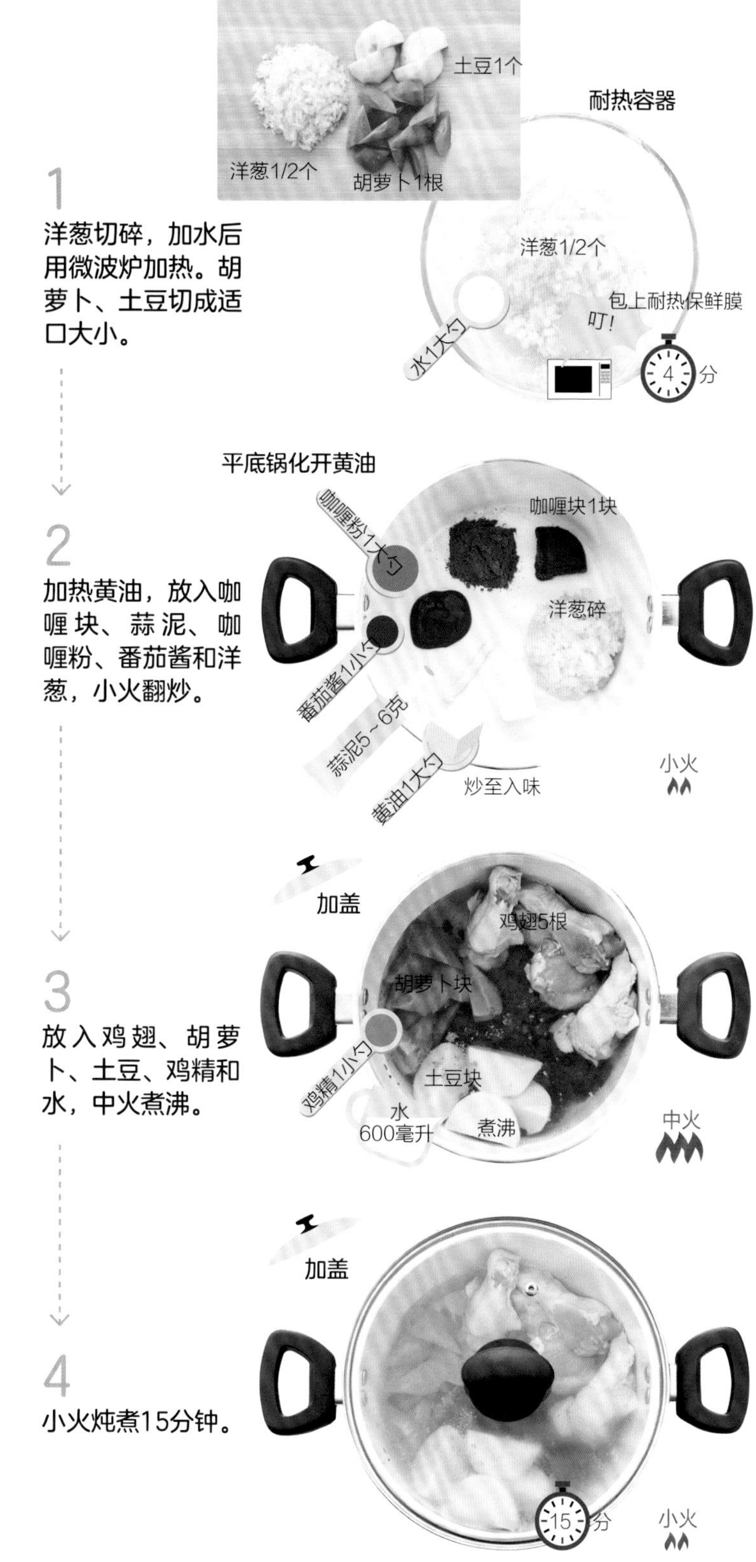

# 营养午餐咖喱

## 材料（4人份）

- 鸡腿肉块……100克
- 洋葱……1个
- 土豆……2个
- 胡萝卜……1根

## 调味料

- 橄榄油……1大勺
- 鸡精……1小勺
- 水……800毫升
- 面粉……50克
- 咖喱粉……20克
- 盐……2/3小勺

## 炒料用

- 黄油……50克

## 推荐配料

- 米饭
- 沙拉菜叶
- 圣女果
- 甜玉米
- 香芹

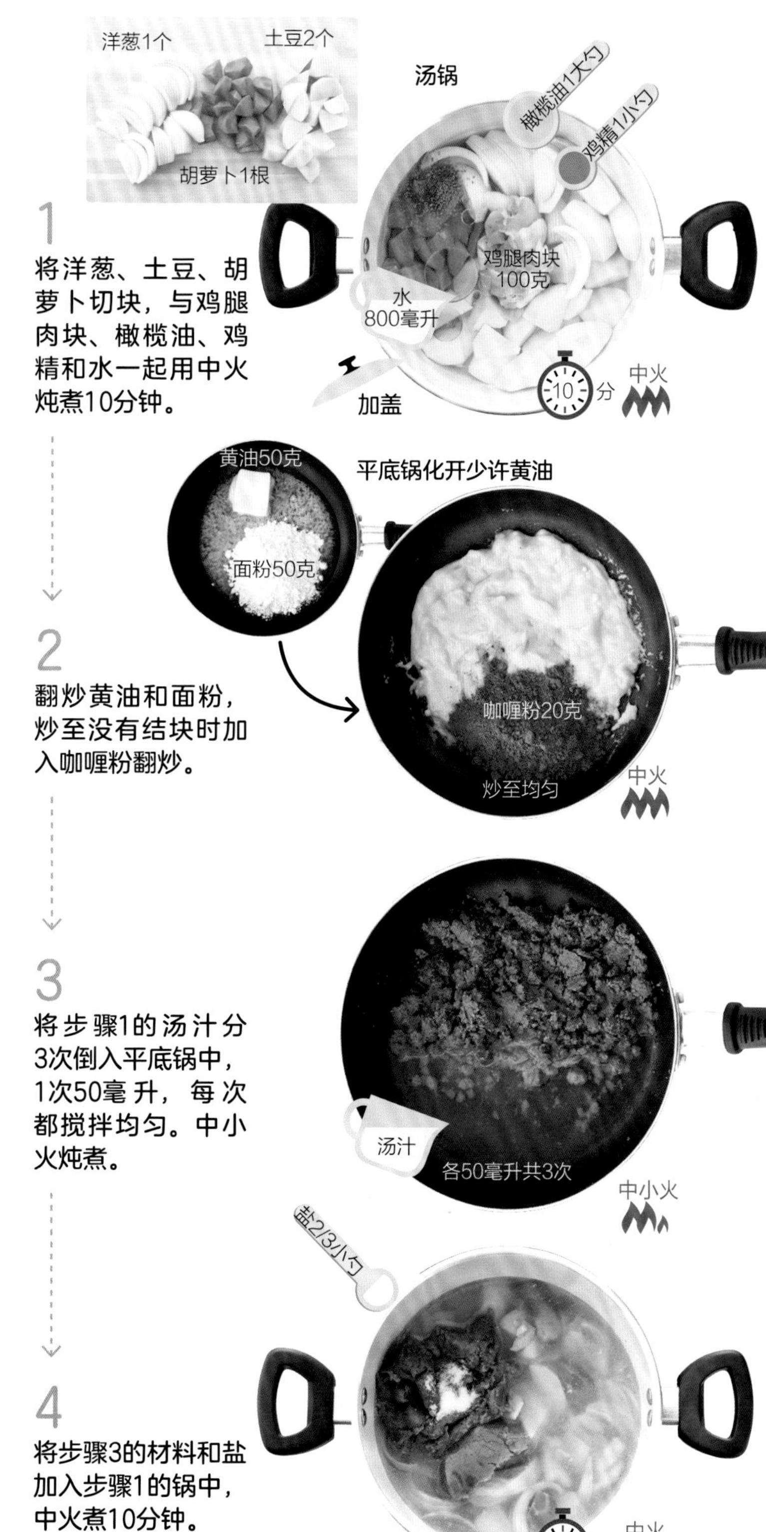


**1**

将洋葱、土豆、胡萝卜切块，与鸡腿肉块、橄榄油、鸡精和水一起用中火炖煮10分钟。

**2**

翻炒黄油和面粉，炒至没有结块时加入咖喱粉翻炒。

**3**

将步骤1的汤汁分3次倒入平底锅中，1次50毫升，每次都搅拌均匀。中小火炖煮。

**4**

将步骤3的材料和盐加入步骤1的锅中，中火煮10分钟。

## 顺手加菜
### 咖喱乌冬面

将锅底剩余的咖喱加水和蘸面汁化开，放入乌冬面，做成咖喱乌冬面。

—— 尽情展现牛肉的甘甜 ——

# 牛肉咖喱

## 材料（4人份）

- 牛腩薄片……150克
- 洋葱……1个

## 调味料

- 酸奶……2大勺
- 水……1大勺+700毫升
- 蒜泥……5~6克
- 咖喱块（甜）……2块
- 咖喱块（辣）……2块

## 炒料用

- 黄油……1大勺

## 推荐配料

- 米饭
- 腌菜
- 香芹

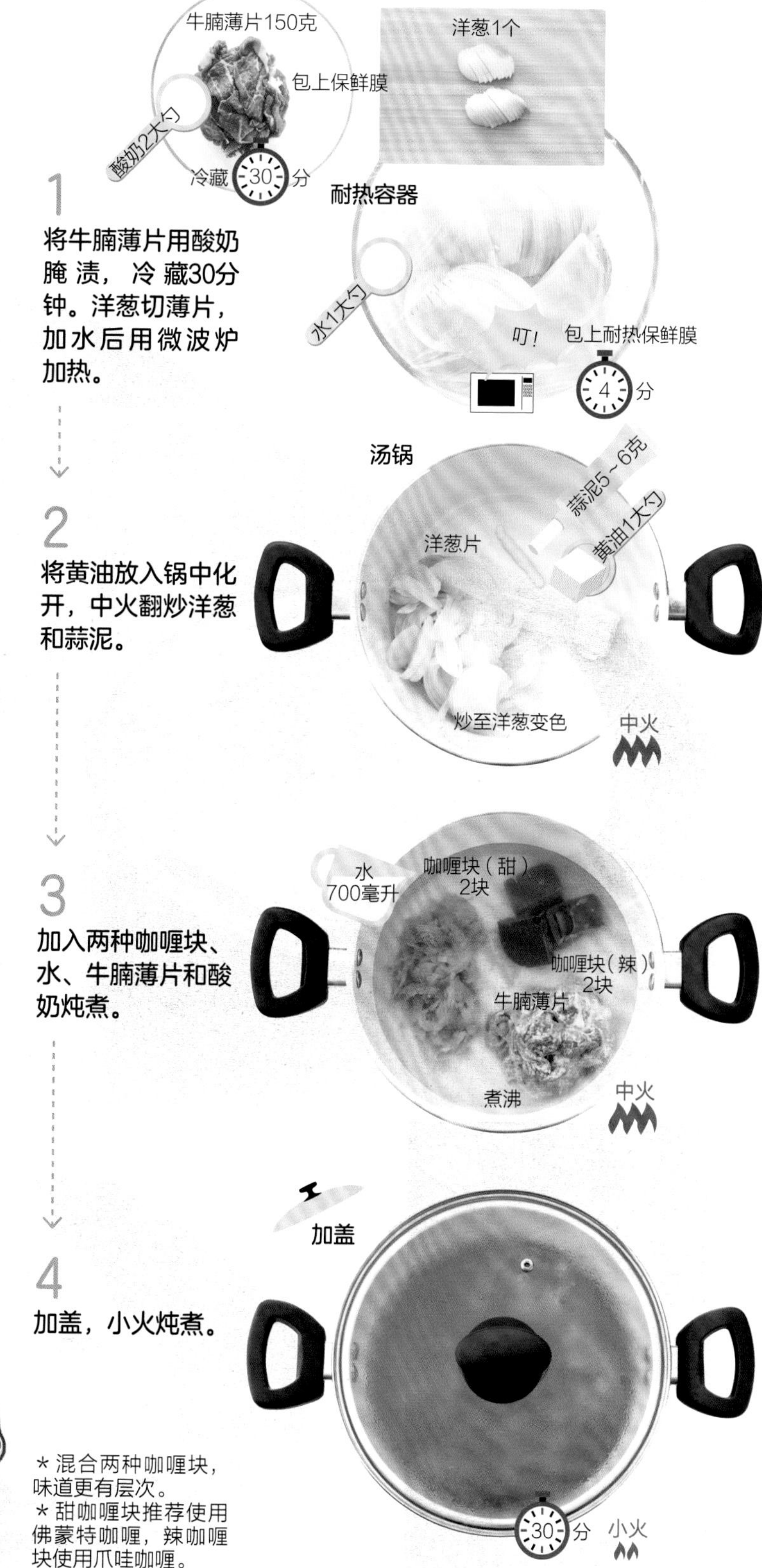


1 将牛腩薄片用酸奶腌渍，冷藏30分钟。洋葱切薄片，加水后用微波炉加热。

2 将黄油放入锅中化开，中火翻炒洋葱和蒜泥。

3 加入两种咖喱块、水、牛腩薄片和酸奶炖煮。

4 加盖，小火炖煮。

＊混合两种咖喱块，味道更有层次。
＊甜咖喱块推荐使用佛蒙特咖喱，辣咖喱块使用爪哇咖喱。

## 顺手加菜
### 咖喱焗饭

将剩余的牛肉咖喱和鸡蛋、芝士一起放在米饭上，用微波炉加热，就是一道咖喱焗饭。

# 犒赏自己的甜点

说到做甜点，就是买来各种材料，严格依照食谱的分量和步骤，一点儿都马虎不得。不过本章要介绍的甜点做法非常简单，从解饿的小点心到适合正式场合的糕点，应有尽有。一定要挑战并享受这些简单到让人想马上动手的地道甜点。

浓郁可口

# 巧克力蛋糕

## 材料（直径15厘米的圆形蛋糕模，1个）

- 黑巧克力……100克
- 鸡蛋……2个
- 面粉……40克
- 黄油……60克
- 白砂糖……20克

### 推荐配料

- 橙子
- 糖粉
- 综合坚果
- 薄荷

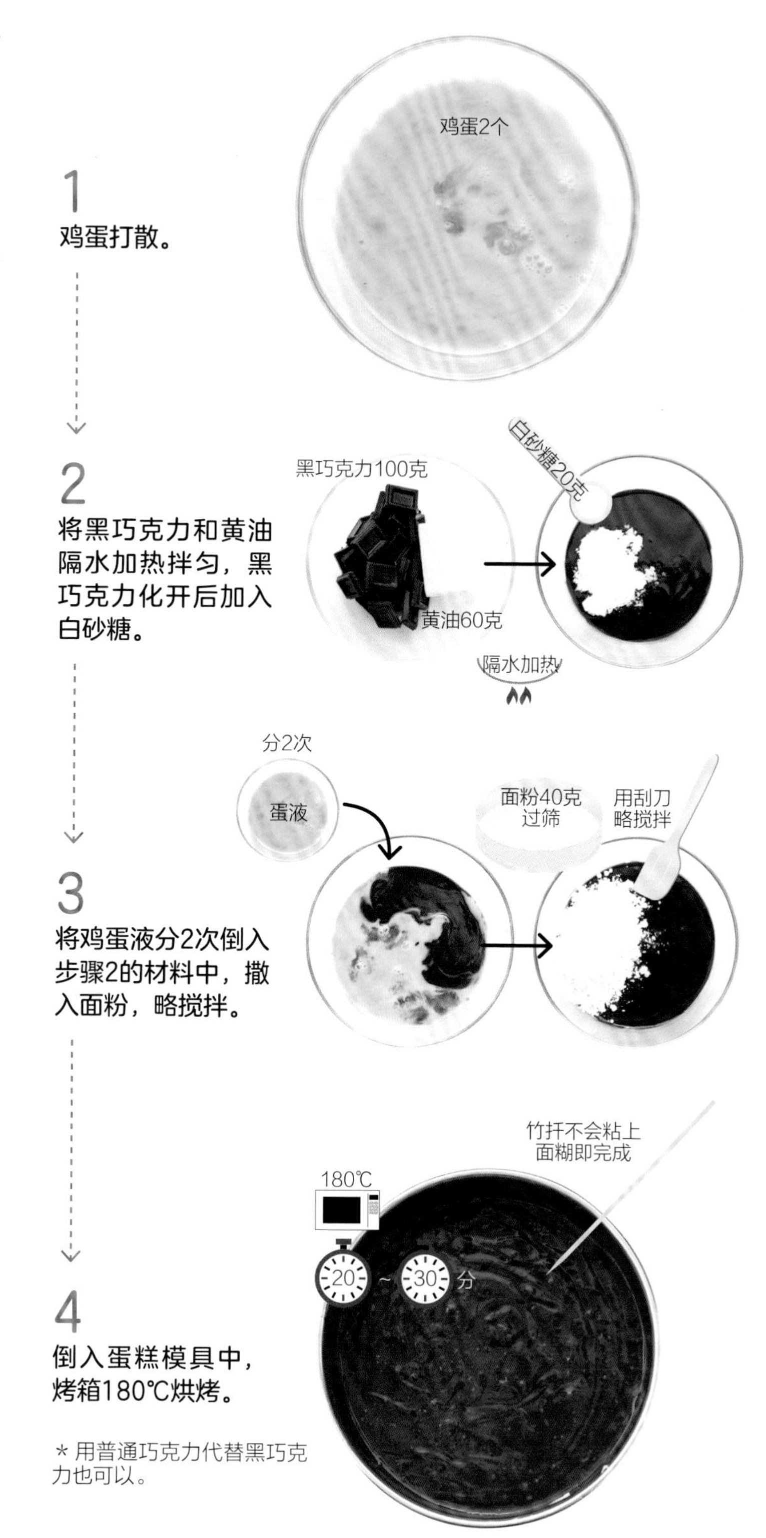


1
鸡蛋打散。

2
将黑巧克力和黄油隔水加热拌匀，黑巧克力化开后加入白砂糖。

3
将鸡蛋液分2次倒入步骤2的材料中，撒入面粉，略搅拌。

4
倒入蛋糕模具中，烤箱180℃烘烤。

＊用普通巧克力代替黑巧克力也可以。

## 顺手加菜
### 巧克力圣代

用剩余的巧克力蛋糕加上鲜奶油或第165页的冰激凌，就是一道美味圣代。

— 品尝苹果原本的香甜 —

# 烤苹果

## 材料（1人份）

- 苹果……1个

### 烤苹果用

- 黄油……20克

### 推荐配料

- 冰激凌
- 细叶芹

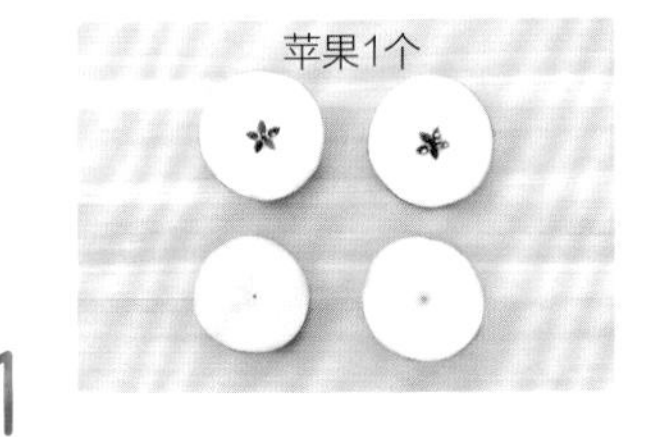


1

将苹果横切成4等份。

平底锅化开黄油

2

涂抹黄油，中火将苹果煎成金黄色。

＊苹果本身有甜味，不加糖甜度恰到好处，能够享受苹果天然的味道。

## 顺手加菜
### 烤苹果吐司

将烤苹果和巧克力放在吐司上，用烤箱加热。

## —— 只需3种材料 ——

# 香浓香草冰激凌

## 材料（易做的量）

- 鲜奶油……200毫升
- 鸡蛋……1个
- 白砂糖……35克

## 推荐配料

- 薄荷

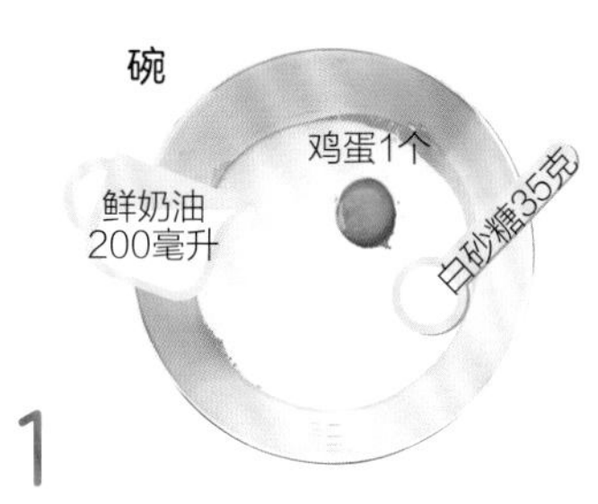


1

将所有材料放入碗中。

2

用力搅拌步骤1的材料，至提起搅拌器时鲜奶油立起不滴落的程度。

可以冷冻的容器

3

倒入容器中，冷冻。

### 顺手加菜

**冰激凌三明治**

用饼干夹冰激凌享用，也很美味。

—— 口感极松软 ——

# 松饼

## 材料（3～4人份）

- 鸡蛋……2个
- 白砂糖……2大勺
- 面粉……50克
- 牛奶……40毫升

### 煎制用

- 黄油……1大勺
- 水……2大勺

### 推荐配料

- 鲜奶油
- 酸奶
- 蓝莓酱
- 草莓
- 糖粉
- 橙皮

**1**
将鸡蛋蛋清和蛋黄分开，蛋清加入1大勺白砂糖，打成蛋白霜。

**2**
将面粉、牛奶和1大勺白砂糖加入蛋黄中搅拌，分2次加入蛋白霜。

**3**
化开黄油，倒入面糊，加水，中火煎制。

**4**
翻面，倒水，小火加热。

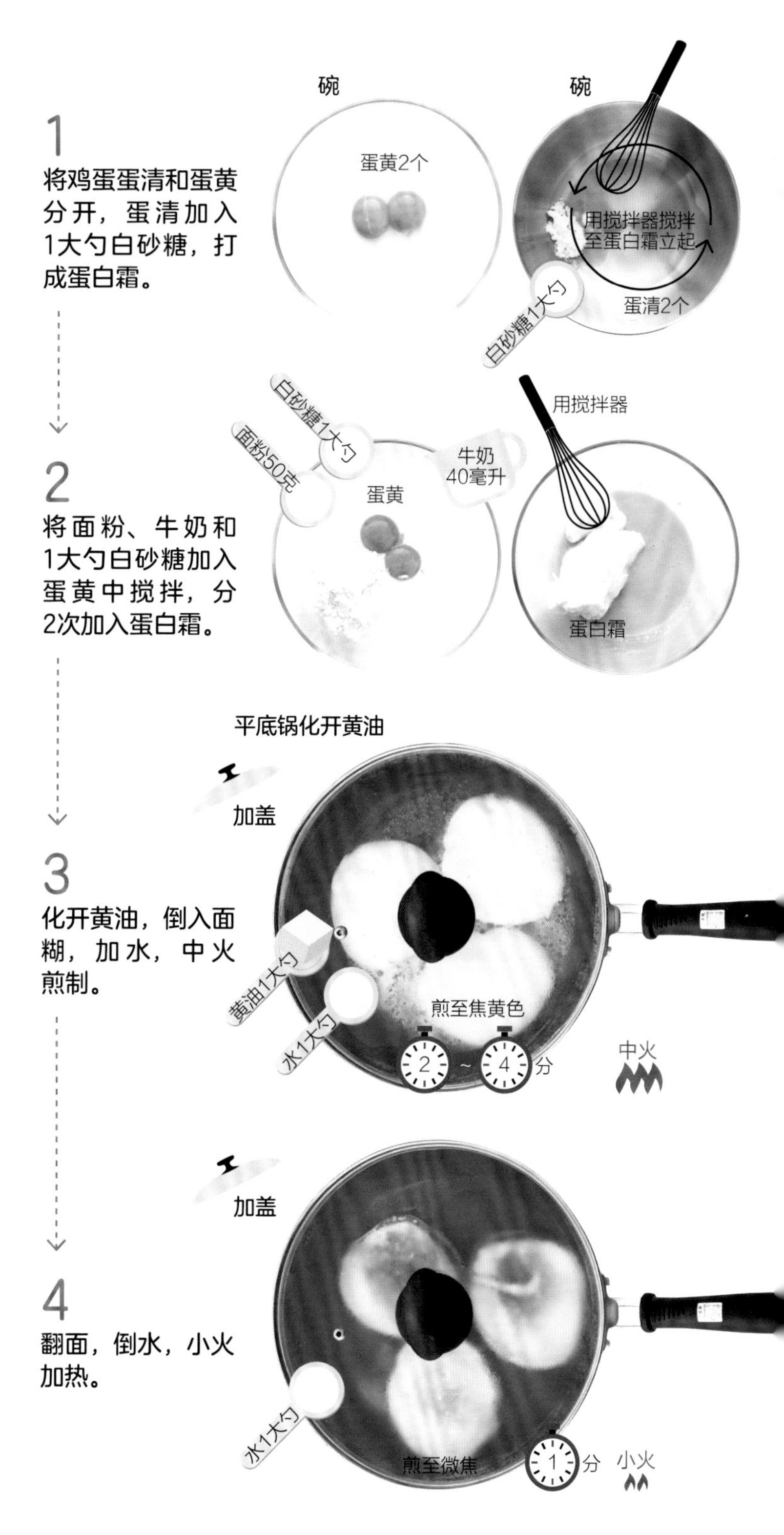


## 顺手加菜
### 主食松饼

搭配火腿和鸡蛋，就可以把松饼当作主食享用。

＊白砂糖的量可以根据喜好增加。
＊将蛋白霜彻底打发，即可做出美味松软的松饼。

## —温柔的甜味—

# 简易香蕉蒸蛋糕

**材料**（直径8厘米的烤皿，4～5个）

- 香蕉……1根
- 松饼粉……150克
- 鸡蛋……1个
- 牛奶……100毫升
- 白砂糖……2大勺

**推荐配料**

- 香蕉
- 杏仁片
- 糖粉
- 可可粉

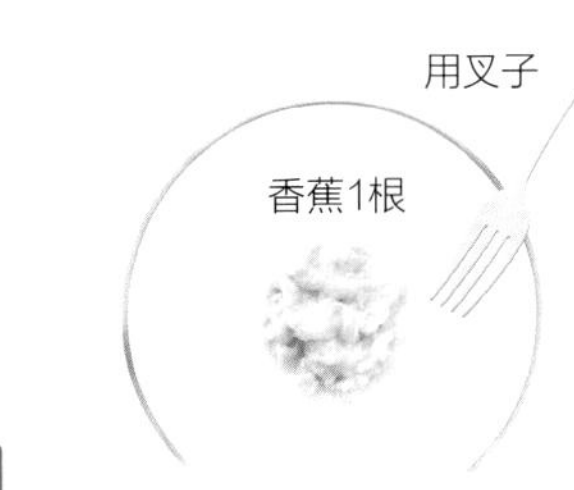


1
将香蕉捣碎。

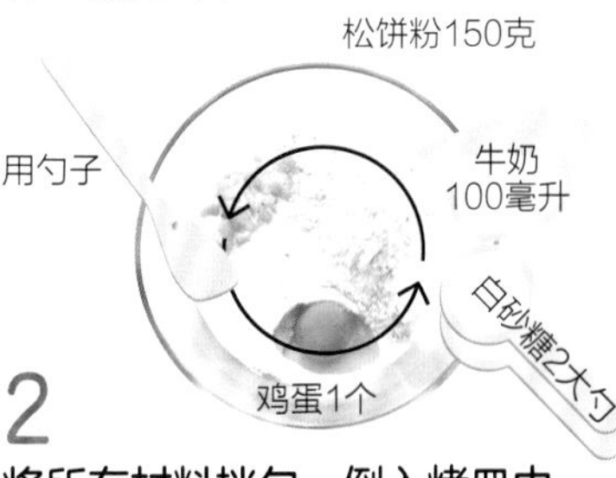


2
将所有材料拌匀，倒入烤皿中。

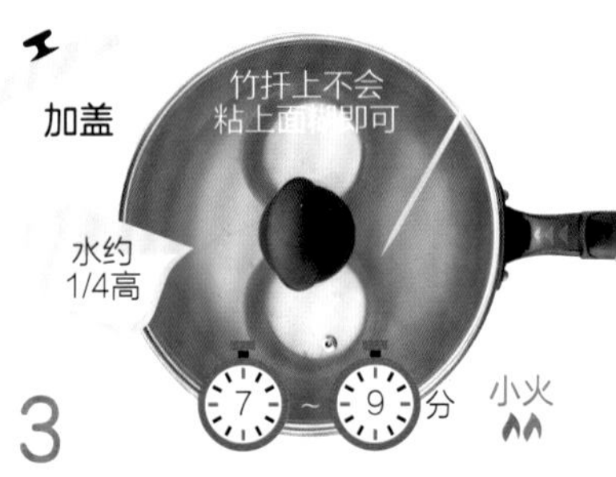


3
在平底锅中倒入约1/4高的水（材料外），加热至沸腾，放入烤皿，小火加热。

**顺手加菜**
**无须果汁机的简易香蕉牛奶**

香蕉切小块，包上保鲜膜后用微波炉加热，捣碎，与牛奶混合。

— 味道超棒 —

# 巧克力杯子蛋糕

## 顺手加菜
### 热巧克力

将剩余巧克力加牛奶，用微波炉加热，就是一杯热巧克力。

**材料**（直径12厘米、深5厘米的容器，1个）

- 松饼粉……30克
- 牛奶……50毫升
- 巧克力……5克
- 白砂糖……1大勺
- 可可粉……1大勺
- 橄榄油……1大勺

**推荐配料**

- 糖粉

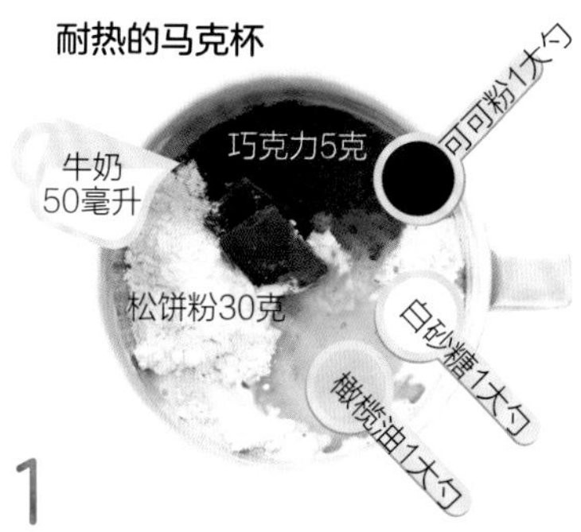


1 将全部材料放入马克杯中混合。

2 用微波炉加热。

* 推荐使用黑巧克力，可以做出滋味更浓郁的蛋糕。

## 淡淡的甜蜜

# 牛奶冻

**材料**（100毫升的容器，3个）

- 牛奶……300毫升
- 明胶……5克
- 水……50毫升
- 白砂糖……2大勺

## 推荐配料

- 薄荷

1

明胶加水化开。

2

放入牛奶和白砂糖搅拌。

3

小火加热，轻轻搅拌。

4

倒入容器中，放凉后放入冰箱使其凝固。

＊减少白砂糖用量，用果酱代替，也很美味。

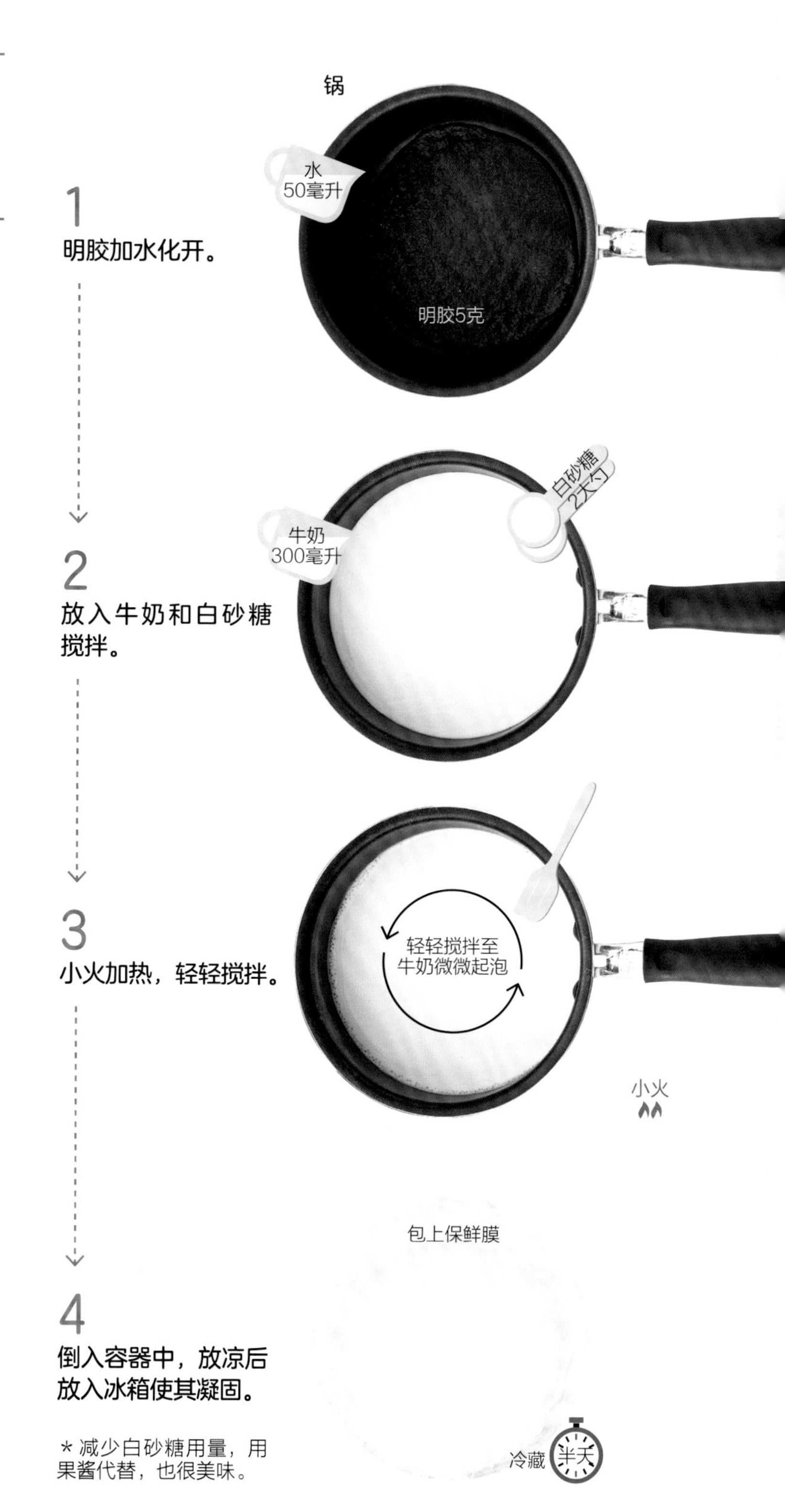


## 顺手加菜

### 咖啡牛奶冻

在制作过程中加入1小勺速溶咖啡，就可以变身为咖啡牛奶冻。

## 非比寻常的美味

# 家庭布丁

## 材料（1人份）

### 糖浆

- 白砂糖……40克
- 水……3大勺
- 热水……1小勺

### 布丁

- 牛奶……300毫升
- 白砂糖……40克
- 鸡蛋……3个

### 推荐配料

- 细叶芹

## 糖浆

耐热容器

白砂糖40克

水3大勺

叮！

加热至变成焦糖色

2分30秒

白砂糖与水混合，用微波炉加热

热水1小勺

加入热水

边搅拌边倒入布丁容器

15分

放凉后放入冰箱冷藏

## 布丁

1

牛奶和白砂糖混合，用微波炉加热。用搅拌器打散鸡蛋，与牛奶混合。

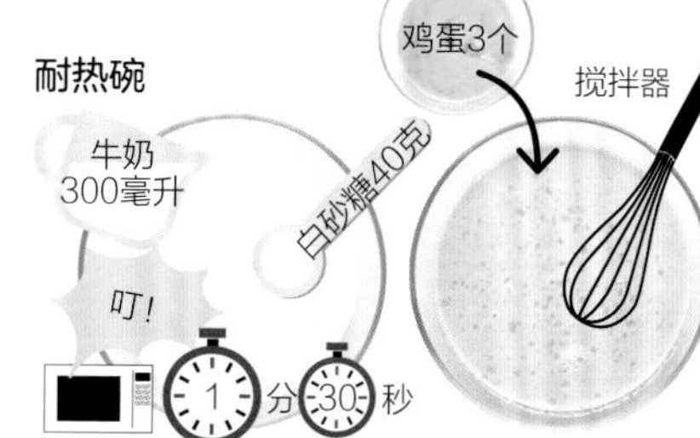


2

用过滤网过滤，倒入放有糖浆的布丁容器中。

3

平底锅中倒入容器一半高度的水（材料外），煮沸，放入容器小火加热。

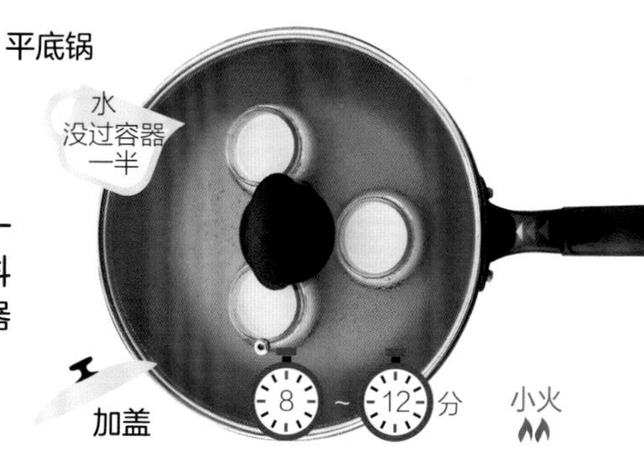


4

放凉后放入冰箱冷藏。

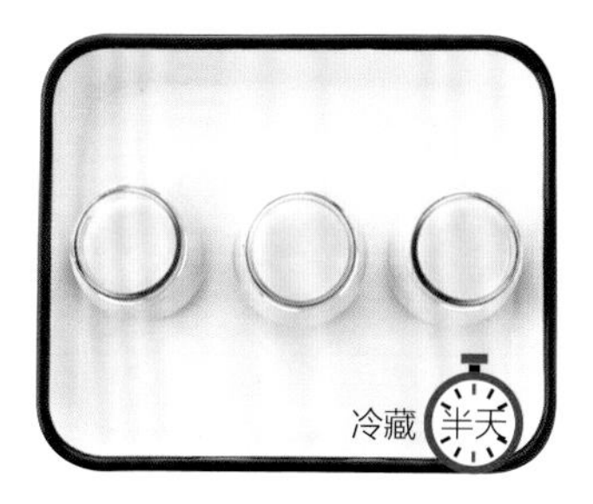


## 顺手加菜

### 法式布丁

加入鲜奶油或水果罐头，就是一道法式布丁甜点。

简单地道的和果子

# 红薯羊羹

**材料**（长10厘米、宽8厘米的容器，1个）

- 红薯……2个（约250克）
- 水……没过红薯的量
- 白砂糖……30克
- 牛奶……20毫升

## 推荐配料

- 炒黑芝麻
- 炒白芝麻

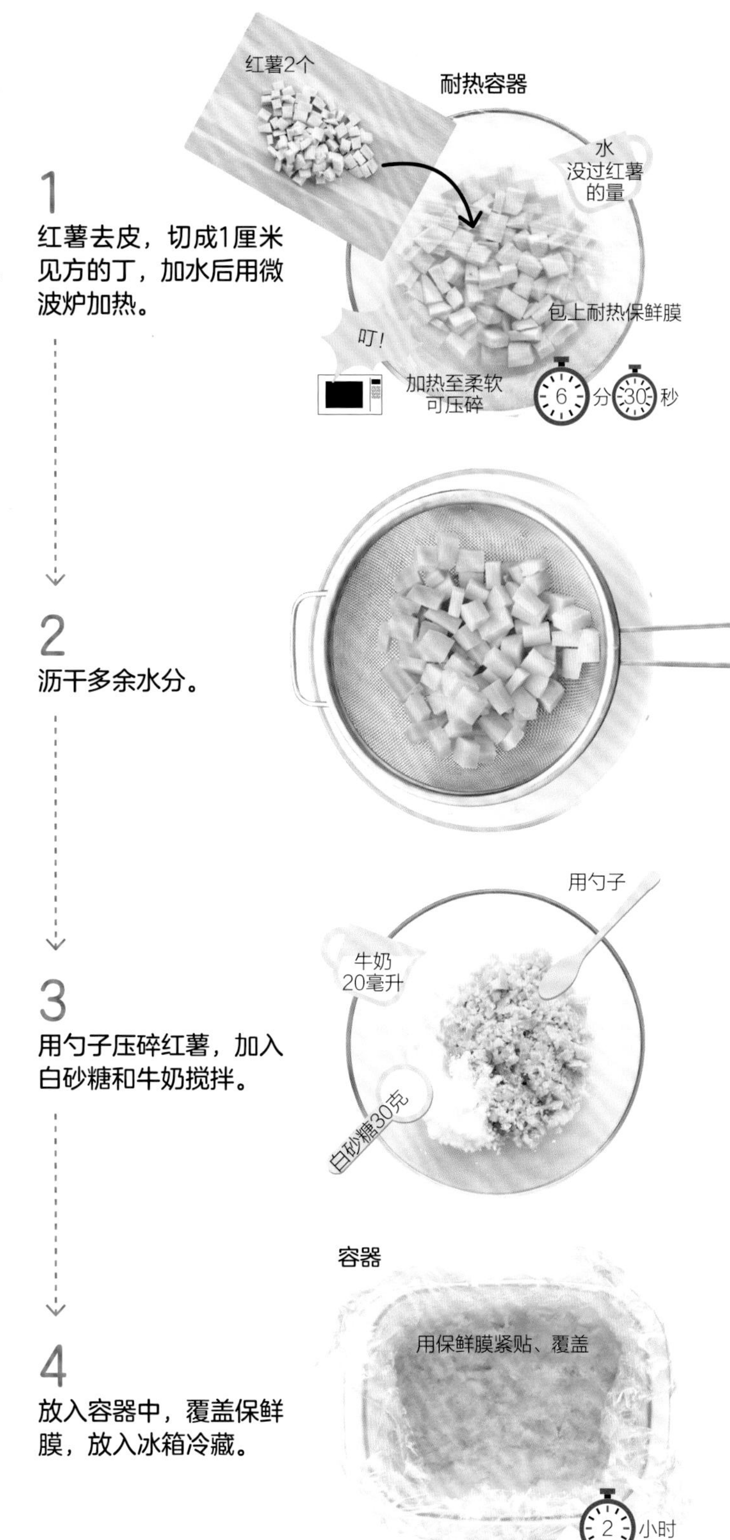


1
红薯去皮，切成1厘米见方的丁，加水后用微波炉加热。

2
沥干多余水分。

3
用勺子压碎红薯，加入白砂糖和牛奶搅拌。

4
放入容器中，覆盖保鲜膜，放入冰箱冷藏。

## 顺手加菜

### 黄油红薯

用平底锅稍煎上色，放上黄油，就是美味的黄油红薯。

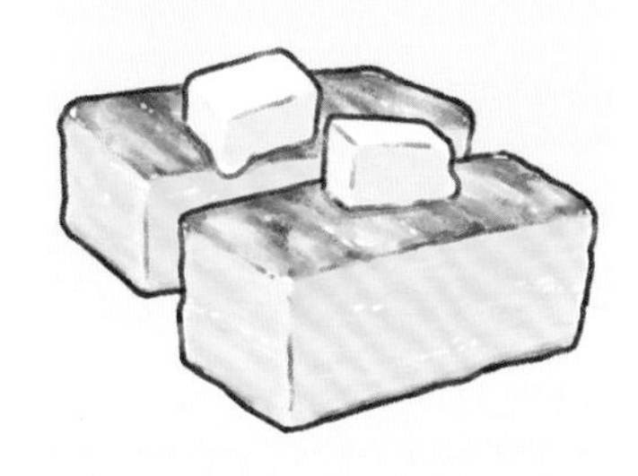

迷人的湿润口感

# 面包粉蛋糕

**材料**（1人份）

- 面包粉……20克
- 牛奶……80毫升
- 鸡蛋……1个
- 白砂糖……1大勺

**煎烤用**

- 色拉油……1小勺

**推荐配料**

- 鲜奶油
- 草莓

1

将面包粉放入牛奶中浸泡。

2

加入鸡蛋和白砂糖混合。

3

平底锅热油，中火将面糊煎至焦黄色。

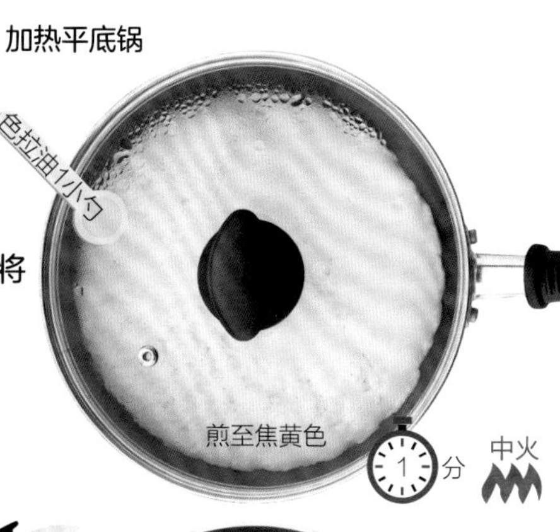


4

加盖，小火继续煎，折叠。

＊本食谱不加蜂蜜就很好吃，如果减少白砂糖用量，可以配果酱食用。

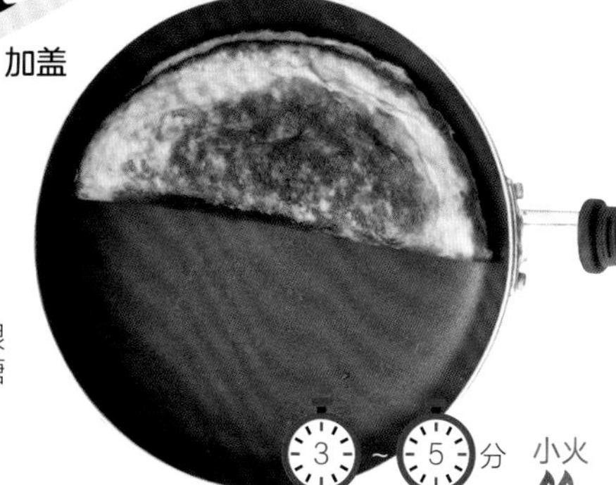


## 顺手加菜

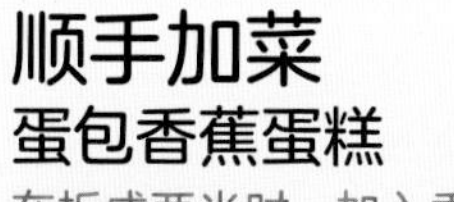

### 蛋包香蕉蛋糕

在折成两半时，加入香蕉或鲜奶油，就变身为蛋包香蕉蛋糕。

—— 无须醒面，迅速完成 ——

# 巧克力饼干

## 材料（易做的量）

- 黄油……40克
- 鸡蛋……1个
- 白砂糖……30克
- 黑巧克力……160克
- 松饼粉……150克

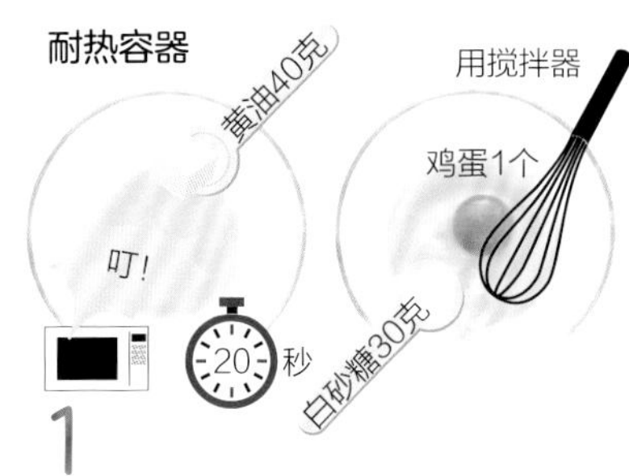


1

黄油用微波炉加热化开，加入鸡蛋和白砂糖拌匀。

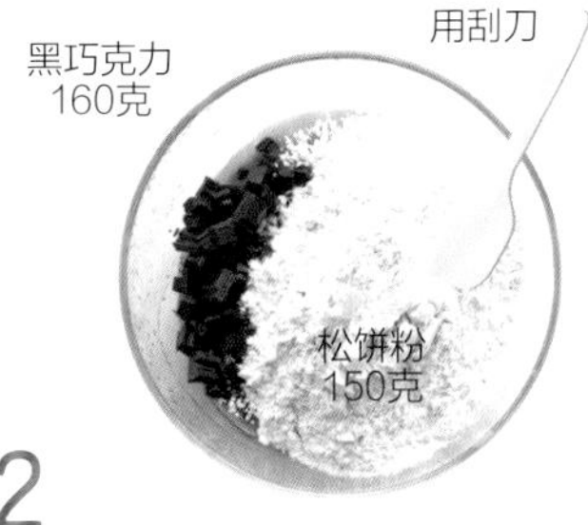


2

放入剁碎的黑巧克力和松饼粉，拌匀。

烤盘上铺烘焙纸

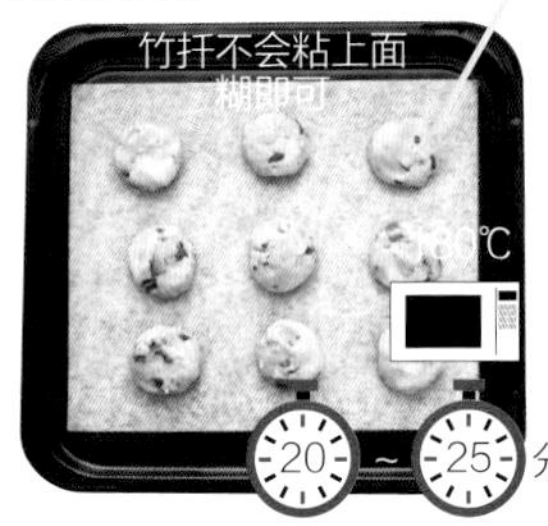


3

将面糊捏成圆饼，烤箱180℃烘烤。

### 顺手加菜

杏仁饼干

用杏仁代替巧克力，可以做成杏仁饼干。

＊用普通巧克力制作也可以。

# 磅蛋糕

## 顺手加菜
### 水果蛋糕

用果酱代替白砂糖，就能做出水果味的蛋糕，比如加入蓝莓酱，就是蓝莓蛋糕。

＊用橄榄油代替黄油，可以更加凸显风味和浓郁的滋味，味道更富有层次。
＊搭配鲜奶油食用更美味。
＊本食谱使用纸模具，如果用其他容器，需预先涂抹10克黄油，更容易脱模。

**材料**（长12厘米、宽6厘米、高4.5厘米的蛋糕纸模，1个）

- 鸡蛋……2个
- 白砂糖……80克
- 面粉……100克
- 黄油……90克

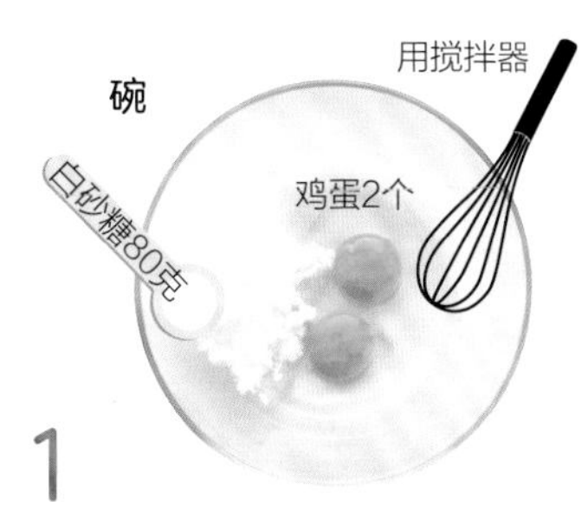


1 将鸡蛋和白砂糖混合。

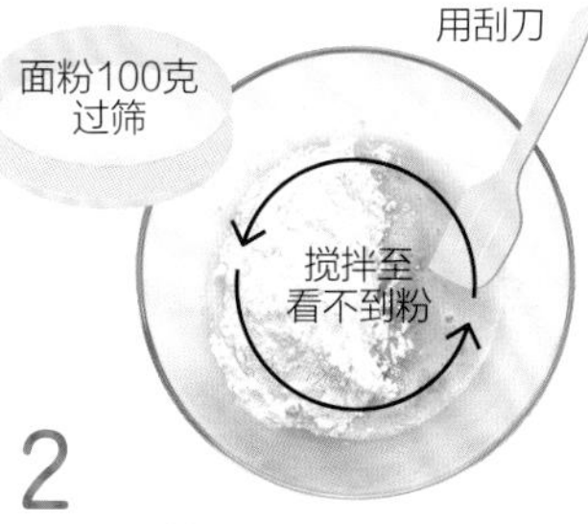


2 放入过筛后的面粉。

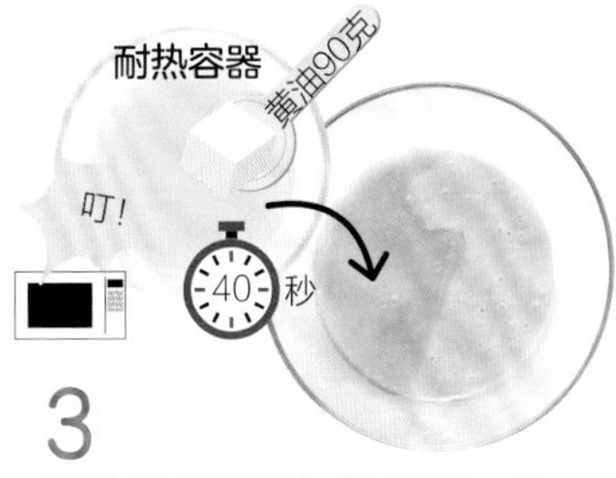


3 黄油用微波炉加热化开，放入步骤2的材料中。

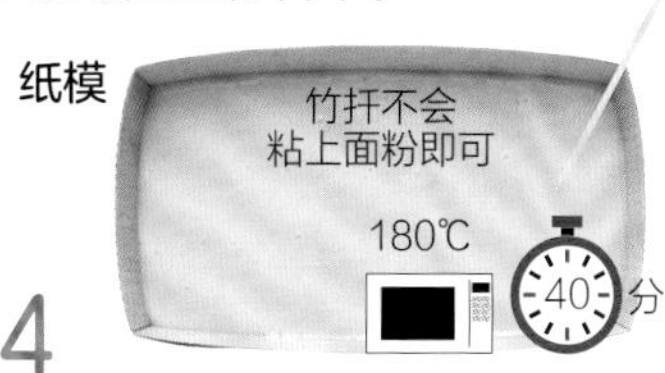


4 将面糊倒入纸模中，用烤箱180℃烘烤。

## 温柔的甜味与口感

# 手工饼干

## 材料（易做的量）

- 鸡蛋……1个
- 黄油……50克
- 白砂糖……40克
- 面粉……100克

1

将鸡蛋蛋黄和蛋清分离，黄油用微波炉加热化开。

碗
蛋黄1个
蛋清1个
耐热容器
黄油50克
包上耐热保鲜膜
叮！
30 ~ 50 秒

2

将白砂糖和蛋黄混合，白砂糖完全化开后加入过筛的面粉和黄油，搅拌至看不到粉。

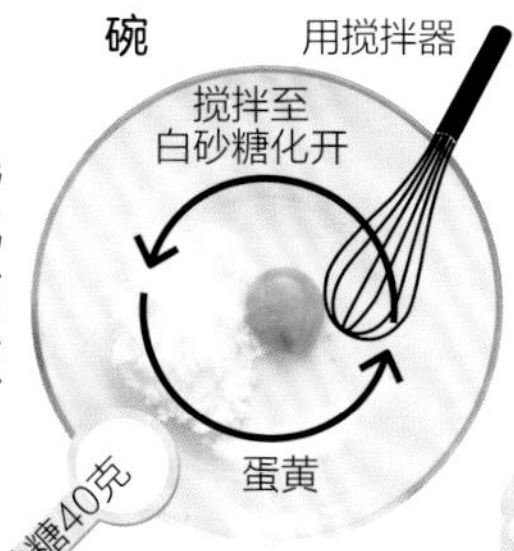


用刮刀
搅拌至
看不到粉
面粉100克
过筛

3

用保鲜膜将面糊包好，放入冰箱。

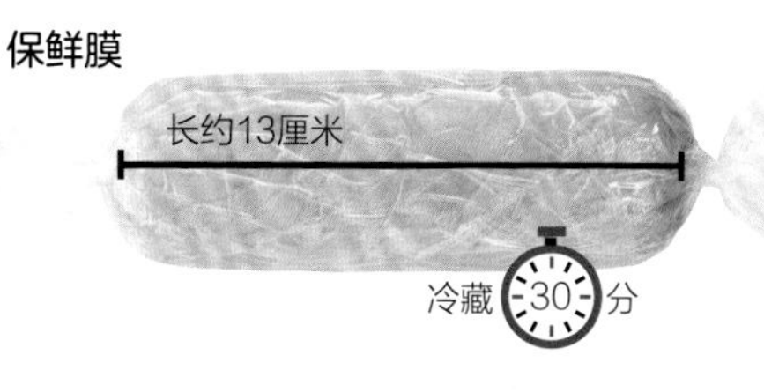


4

切成约5毫米厚的块，放在烤盘上，表面涂抹蛋清，放入烤箱，180℃烤好后放凉。

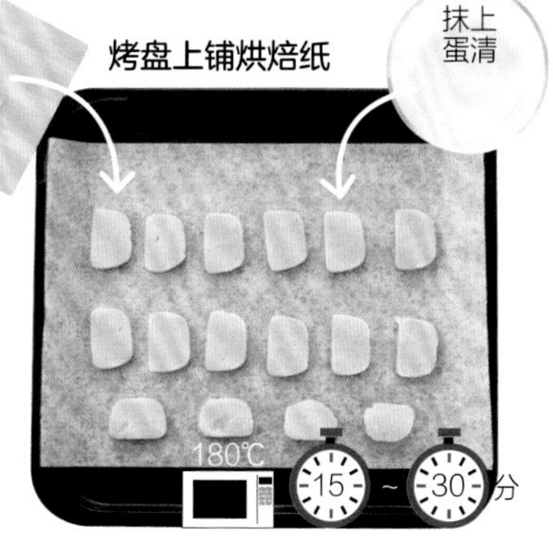


## 顺手加菜
### 饼干与冰激凌

将第165页的冰激凌与压碎的饼干混合，酥脆的口感非常棒。

＊不同的烤箱即使设定的温度相同，火力也有所不同，建议先烤15分钟，如果没熟，可再烤5分钟，依此法调整制作时间。
＊烤好的饼干完全放凉后再食用。

## —用杏仁巧克力制作—

# 极品冰凉慕斯

**材料**（150毫升容器，1个）

- 杏仁巧克力……1盒（约90克）
- 鸡蛋……2个

**推荐配料**

- 杏仁巧克力碎
- 可可粉

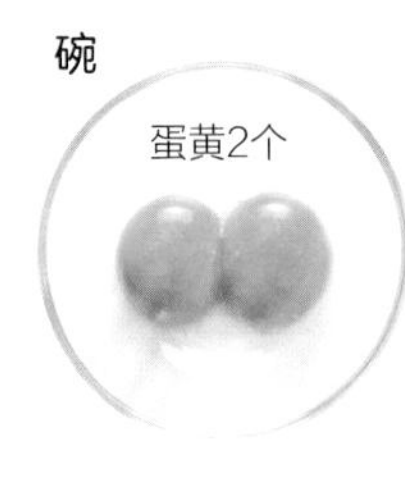


**1**
将鸡蛋蛋清和蛋黄分离，蛋清搅打成蛋白霜。

**2**
将杏仁巧克力切碎，隔水加热化开，加入蛋黄搅拌。

**3**
将蛋白霜分2次加入到杏仁巧克力中，充分搅拌。

**4**
倒入容器中，包上保鲜膜，放入冰箱冷藏。

**顺手加菜**
**巧克力吐司**
将巧克力慕斯涂抹在吐司上，就是一道巧克力吐司。

* 做冷甜点时，建议用较甜的巧克力。

附加食谱

# 用预存的蛋清制作戚风蛋糕

很多料理中只需要加入蛋黄，就能很美味，结果却剩下了一堆蛋清。可以将剩余的蛋清冷冻储存起来（第78页“顺手加菜”），储存得足够多时，拿出来做戚风蛋糕吧。

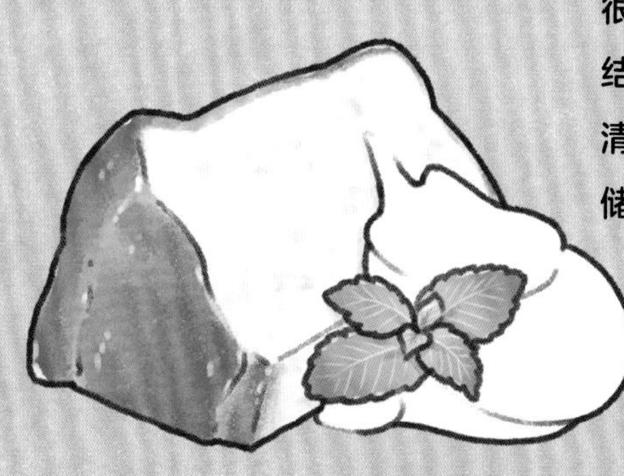

**材料**（戚风蛋糕模具，1个）

- 松饼粉……100克
- 牛奶……2大勺
- 色拉油……2大勺
- 白砂糖……60克
- 蛋清……3个

1

将蛋清和白砂糖放入碗中，搅打成蛋白霜。

2

加入松饼粉、牛奶、色拉油，用刮刀略搅拌均匀。

3

将面糊倒入模具中，放入烤箱，180℃烘烤25～30分钟（插入竹扦，不会粘上面糊即可）。

## 会剩下蛋清的食谱（只使用蛋黄的食谱）

泡菜五花肉炒乌冬面（第19页）
正宗鲔鱼刺身（第35页）
极品日式培根鸡蛋面（第70页）
干拌面（第78页）
培根鸡蛋风味凉面（第79页）
五花肉蛋黄盖浇饭（第130页）
和风印度肉馅咖喱（第152页）

## 图书在版编目（CIP）数据

零失败懒人做一餐 /（日）饥饿的灰熊著；范非译. — 北京：中国轻工业出版社，2021.10

ISBN 978-7-5184-3574-6

Ⅰ. ①零… Ⅱ. ①饥… ②范… Ⅲ. ①菜谱—世界 Ⅳ. ①TS972.18

中国版本图书馆CIP数据核字（2021）第128083号



责任编辑：胡　佳　　责任终审：高惠京
整体设计：锋尚设计　　责任校对：晋　洁　　责任监印：张京华

出版发行：中国轻工业出版社（北京东长安街6号，邮编：100740）
印　　刷：北京博海升彩色印刷有限公司
经　　销：各地新华书店
版　　次：2021年10月第1版第1次印刷
开　　本：710×1000　1/16　印张：11.5
字　　数：200千字
书　　号：ISBN 978-7-5184-3574-6　定价：58.00元
邮购电话：010-65241695
发行电话：010-85119835　传真：85113293
网　　址：http://www.chlip.com.cn
Email：club@chlip.com.cn
如发现图书残缺请与我社邮购联系调换
191459S1X101ZYW